贵州山地生态

GUIZHOU SHANDI SHENGTAI

YANYE CAIKAO LILUN YU JISHU

烟叶采烤理论与技术

艾复清　韦克苏　郭　亮◎编著

贵州大学出版社

Guizhou University Press

图书在版编目（CIP）数据

贵州山地生态烟叶采烤理论与技术 / 艾复清, 韦克苏, 郭亮编著. -- 贵阳 : 贵州大学出版社, 2023.5
　　ISBN 978-7-5691-0740-1

　　Ⅰ.①贵… Ⅱ.①艾… ②韦… ③郭… Ⅲ.①烟叶烘烤 Ⅳ.①TS44

　　中国国家版本馆CIP数据核字(2023)第078708号

贵州山地生态烟叶采烤理论与技术

编　　著：艾复清　韦克苏　郭　亮

出 版 人：闵　军
责任编辑：吴亚微
装帧设计：陈　艺　陈　丽

出版发行：贵州大学出版社有限责任公司
　　　　　地址：贵阳市花溪区贵州大学北校区出版大楼
　　　　　邮编：550025　电话：0851-88291180
印　　刷：贵州思捷华彩印刷有限公司
开　　本：710毫米×1000毫米　1/16
印　　张：14.5
字　　数：232千字
版　　次：2023年5月第1版
印　　次：2023年5月第1次印刷

书　　号：ISBN 978-7-5691-0740-1
定　　价：69.00元

前 言

  "十三五"以来，贵州省烟叶产量均保持在 400 万担^①以上。烤烟产业的高质量发展，能够有效地促进农民增收，进一步巩固拓展脱贫攻坚成果，并强有力地助推乡村振兴。为进一步优化和完善贵州山地生态烟叶生产技术体系，深入推进良种、良法、良田、良态配套措施落地，持续提升科学化、标准化、精准化生产水平，把贵州良好的生态资源优势转化为特色优势、发展优势，持续打造"性价比更优、安全性更好、可用性更强"的贵州山地生态烟叶品牌，编写组根据多年的课题研究成果和实践经验，编写了《贵州山地生态烟叶采烤理论与技术》一书。

  贵州烟区主要包含蜜甜香型和清甜香型两大山地生态烟叶生产区。其中蜜甜香型生态烟区位于贵州高原向四川盆地、湖南丘陵过渡地带，该烟区在烤烟生育期气温较高、光照和煦，在旺长期雨量充沛；清甜香型生态烟区分布于黔西南布依族苗族自治州以及黔西北乌蒙山一带，该烟区受印度洋季风气候和太平洋季风气候的双重影响，冬春季节降雨量小、夏秋季节降雨大，气候温凉，日照充足，昼夜温差较大。

  贵州烟叶的外观质量较好、香味亲和力强、燃烧性好、物理特性与化学成分较为协调、配伍性高。但也存在部分烟区烟叶香气量偏低、部分烟区中部叶甜润感不够、上部叶烟碱含量偏高和杂气偏重等问题。通常来说，蜜甜香型和清甜香型烟区的烟叶生长环境、烟叶成熟衰老特征、不同烟区烟叶的关键特征物质积累等存在较大差异，因此烟叶的烘烤特征也存在较大差异。

---

  ① 烟草行业通常以"担"作为烟叶的计量单位。1 担约等于 50 千克，后文不另注。

本书内容涵盖以下三个方面：一是贵州烟叶成熟理论，包含烟叶成熟和衰老的生理生化过程、烟叶成熟过程中关键酶的活性动态变化规律以及烟叶成熟的标准和采收技术；二是科学烘烤，包含密集烘烤过程中关键生理生化物质的动态转化规律、关键酶活性的时空变化规律及表达特征、上部烟叶的采烤方式对比优化以及贵州常见特殊烟叶类型及其采烤技术特点；三是烘烤后烟叶外观质量评价，包含烟叶外观质量识别方法和重要指标特征，常见烤坏烟的形成原因、防控技术以及烟叶损失的统计办法等。期望本书能对贵州烟叶烘烤质量的整体提升有所帮助，以满足重点卷烟企业对原料的高质量需求，也为贵州省烟叶生产实践和科学研究提供借鉴指导。

本书获得中国烟草总公司贵州省公司科技项目"提高贵州烟叶外观品质的烘烤工艺研究"经费资助，在此表示感谢！

由于编者水平有限，加之基于典型烟区的精准烘烤技术、数字化烘烤等方面的大量研究仍在不断开展和完善，因此本书在资料收集、论证等方面难免有遗漏之处，敬请各位专家学者批评指正。

编　者

2023 年 3 月

目 录

第一部分　成熟采收篇

第二部分　科学烘烤篇

第一部分

成熟采收篇

第一章 贵州烟叶成熟理论

第一节 烟叶成熟与成熟度

一、烟叶成熟与成熟度

烤烟大田移栽后,经过缓苗、团棵、旺长、现蕾期后,烟叶逐渐由下而上进入成熟期,烟叶的潜在质量也逐渐形成。

1. 烟叶成熟的概念

烟叶成熟（maturity）是烟叶生长过程中的一种状态,也是烟叶生长的一段时期,而在这种状态（或时期）下的烟叶经过科学的调制,能获得良好的"产质"并满足工业对烟叶原料的特定需求。

烟叶成熟从概念上讲具有三个层面的含义:一指烟叶生长发育过程中的一个时期,即工艺成熟期;二指烟叶具备了某种特定的状态,包括叶片的组织结构、化学成分、生理功能、生化反应以及它所反映出来的外部形态特征等;三指反应在调制（烘烤）后的结果上,成熟烟叶经适宜的调制后能够达到卷烟工业所要求的品质。因此,烟叶成熟实质上是烟叶原料质量的概念。

需要指出的是,成熟概念的含义是相对的,它会因生态或地域、工业需求的不同而改变,也因烟叶各部位的质量需求不同而改变。因此,不同时期、不同生态条件、不同烟叶部位、不同工业配方对烟叶成熟的要求是不同的。

2. 烟叶成熟度的概念

烟叶成熟度（maturity of tobacco leaf）是一个质量概念，指烟叶适于调制加工和满足最终卷烟可用性要求的质量状态和程度。烟叶成熟度包括三个方面的含义：一是烟叶成熟的程度，即烟叶生长完成营养积累之后，各种生理生化活动的变化达到衰老的程度；二是鲜烟叶的潜在质量优劣程度，即鲜烟叶有机物积累、转化达到协调状态的理想程度；三是烟叶质量的理想程度，即烘烤后烟叶化学成分的协调性和物理性状的适宜性。

烟叶成熟度包括田间成熟度、烘烤成熟度和分级成熟度。田间成熟度是烟叶在田间生长发育过程中所表现出来的成熟程度；烘烤成熟度是指烟叶采收后在调制初期烟叶变化所表现出来的烘烤成熟度，是指将完成营养积累的烟叶采收后，在一定烘烤条件下经过生理生化活动后，在外观颜色和化学成分变化方面达到协调要求的后熟变化程度；分级成熟度是用来反映初烤烟叶等级质量和品质指标的，即初烤烟叶的营养积累经调制完成生理生化过程后达到烟叶质量指标的程度，亦即收获的叶片经调制（烘烤）后烟叶按收购标准而划分的成熟档次。田间成熟度、烘烤成熟度和分级成熟度是密切相关而又有本质区别的三个概念。从性质上讲，田间成熟度是田间烟叶进入成熟后所表现出来的外观特征，是烟叶潜在质量（性质）的表现；烘烤成熟度是烟叶经过调制和加工环节后，烟叶内在品质和外观特征形成和熟化的表现，并最终体现在烟叶作为卷烟工业原料的可用性上；分级成熟度则将具备某种潜在质量的烟叶，经过人工或者设备按照烟叶品质等因素进行等级划分，是烟叶最终质量（性质）的表现。从生产过程上看，田间成熟度是烘烤前鲜烟叶的特征，烘烤成熟度是烟叶品质形成的重要环节，分级成熟度是区分烟叶质量的重要的特征参数。

从田间成熟度、烘烤成熟度和分级成熟度的关系上来看，田间成熟度是基础，烘烤成熟度是关键，分级成熟度是保障，三者互相联系、相辅相成，是烟叶品质的根本体现和最终要求。田间成熟度是卷烟原料的生物量和品质形成的基础，烘烤成熟度是卷烟原料初加工过程中的采收工艺指标，分级成熟度则是最终原料产品的质量指标。分级成熟度好的烟叶，田间成熟度和烘烤成熟度一定好；但田间成熟度好的烟叶，烘烤成熟度和分级成熟度不一定好，这是因为采收后的烟叶在烘烤过程中可能因操作不当而影响最终烟叶的质量。

3. 烟叶成熟度的划分

国际上通常将烟叶的成熟度分为生青、不熟、欠熟、生理成熟、近熟、工艺成熟、完熟、过熟和假熟等不同档次。

未熟（immaturity）：烟叶还处于旺盛生长阶段，内含物欠充实，叶绿素含量高，含水多且保水能力强，化学成分不协调，田间烟叶呈现为绿色，烤后烟叶组织结构紧密，青烟居多。

尚熟（primary ripeness）：烟叶进入了生理成熟期，内含物充实，蛋白质和淀粉积累达到高峰，产量最高，但内在化学成分不太协调。田间表现为落黄程度不够，含水量和保水力依然偏强，烤后烟叶颜色以淡黄、柠檬黄居多，组织较紧密、油分较少，易出现青筋、青基、青背和浮青等现象。

成熟（ripeness）：烟叶进入了工艺成熟期，叶绿素含量大幅下降，蛋白质和淀粉含量也开始逐渐下降，但内含物仍较为充实且化学成分进入协调状态。田间表现为叶片落黄程度达到部位成熟要求，上部叶或较厚叶片的叶面有成熟斑等成熟特征。这种烟叶在烘烤时易烤性和耐烤性均较好，脱水和变黄都属正常现象。烤后烟叶以金黄、橘黄色居多，组织结构疏松、油分充足、上等烟多、均价高。

完熟（fully maturity）：一般指营养充实且发育充分的上部叶片在工艺成熟后继续进行内部生理转化的烟叶。这类烟叶虽内含物减少了许多，但化学成分协调、内在品质好，田间外观表现出有较多成熟斑，并有枯尖焦边或烂尖现象。烤后烟叶虽单叶略轻、叶色略偏深，但香气足、使用价值较高。

过熟（overripeness）：指明显衰老枯黄、内含物过度消耗的烟叶。这类烟叶外观上由黄变白，或呈枯焦、腐烂状以及叶片变薄的状态；烤后烟叶变轻、光泽暗、油分少、弹性差，容易烤出糟片（核桃叶）。

假熟（false ripeness）：指因受气候（干旱、水涝等）、栽培（如施肥不足）等因素影响而导致的生长发育不良的烟叶。这类烟叶因生长发育不够、干物质积累不足、自身养分消耗过大、成熟过程受阻等致使烟叶呈现黄化现象。烤后烟叶单叶较轻、色淡、油分不足、质量差。

我国通常将烟叶的成熟度划分为未熟、尚熟、成熟、完熟、过熟和假熟。未熟相当于国外的生青、不熟和欠熟，尚熟相当于国外的生理成熟和近熟，成熟、完熟、过熟与国外的标准相当。值得注意的是，假熟并非正常成熟烟叶的划分档次，它是因栽培、气候等原因造成的烟叶非正常成熟的情况。

二、烟叶成熟的判断方法

随着烟叶生长进入成熟期，其叶片的外观特征、物理特性以及叶内的生理生化反应都会发生相应的变化，而这种变化也会反映在烤后烟叶外观和内在质量上，这就为我们对烟叶成熟的判断提供了依据。目前在生产上判断烟叶成熟的方法主要有以下几种。

1. 外观特征判断法

这是我省当前判断烟叶成熟最为常用的方法。主要是根据烟叶颜色的落黄程度（综合变黄程度），叶脉变白程度，茸毛脱落程度，茎叶夹角变化程度，叶面皱缩程度，叶尖、叶缘落黄程度以及叶面是否有成熟斑等来进行综合判断。

具体表现主要有以下四点：

第一，烟叶退绿（落黄），整个烟株自下而上分层落黄，成熟烟叶通常表现是绿色减退变为绿黄色、黄绿色、浅黄色，甚至是橘黄色，叶尖、叶缘变黄。

第二，主脉变白发亮，支脉退青变白，烟叶和主脉自然支撑能力减弱，叶尖下垂，茎叶角度增大。

第三，茸毛部分脱落或基本脱落，叶面有光泽，树脂类物质增多，手摸烟叶有黏手的感觉，多采几片烟叶手便会黏上一层不易洗掉的黑色物质，俗称烟油。

第四，叶基部产生分离层，容易采下，采摘时断面整齐，不带茎皮。中、上部较厚的叶片叶面呈皱缩状，出现黄白淀粉粒成熟斑。

2. 比色卡法

日本是最早研究和使用比色卡法的国家，主要是通过在卡片上着从绿到黄的不同颜色，以此代表不同的成熟等级，烟农可利用比色卡比对烟叶，从而判断烟叶成熟度，在此基础上来决定采收与否。我国多地也研究过这种方法，如贵州省烟草科学研究院就采用在便携式卡片上着不同颜色，并对应划分出不同颜色所代表的成熟等级，进而对不同烟叶部位的成熟度进行判断的方法。

比色卡判断的基本原理是烟叶在进入成熟后，其叶色有一个逐渐变黄的过程，而这一变化过程中的不同颜色皆可在比色卡上找到对应的颜色，经过比对就可判断烟叶是否成熟以及烟叶成熟的程度。其优点是利于直观判断，减少因人而异的颜色判断误差，烟农在操作熟练后也可不再使用比色卡；缺点是该方法主要依靠颜色来判断，易忽视对其他成熟特征的判断，如叶脉、叶缘变化的特征等，因此最好将外观特征判断法与比色卡法相结合进行判断。

3. 叶龄判断法

烟叶叶龄是指烟叶从出生开始到适熟采收所经历的时间。我国有不少关于此方面的研究，并提出采收的适宜叶龄可用于指导生产，其理由是烟叶萌芽后，经过一定时间生长、干物质积累与转化后逐渐进入成熟。有研究曾提出烟叶各部位适宜的采收时间为：下部叶50—60天；中部叶60—70天；上部叶70—90天。

叶龄判断法是根据烟叶生长规律而提出来的判断方法，具有一定的参考价值，但在生产上存在一定的局限性。因为品种、栽培技术、叶位、生态条件等对叶龄均会产生影响，这就带来了研究结果的局限性。但在生态、品种、生产技术相对确定的情况下，将叶龄判断转变为移栽龄（移栽至采收的天数）判断还是有可取之处的，如某烟区在结构调整的情况下，移栽后，下部叶70—80天可采收，中部叶80—100天可采收，上部叶100—120天可采收。

4. SPAD 值判断法

随着烟叶的逐渐成熟，烟叶颜色逐渐变黄，叶绿素含量逐渐减少，通过这个原理，可采用对叶绿素的测定来判断烟叶的成熟度。由此 SPAD（Soil and Plant Analyzer Development）值判断法随之产生，SPAD 是指叶绿素的相对含量。叶绿素测定仪是一种能测量出叶绿素相对值的仪器，由于叶绿素在蓝色区域（400—500 nm）和红色区域（600—700 nm）范围内吸光值达到了峰值，但在近红外区域却没有吸收，利用叶绿素的这种吸收特性，叶绿素含量测定仪能测量烟叶在红色区域和近红外区域的吸收率，通过这两部分区域的吸收率来计算出 SPAD 值，并用该值表示烟叶中叶绿素的相对值。因此在生产上可利用SPAD 值判断烟叶的变黄程度，从而判断烟叶成熟与否。该方法的优点是在测定值相对准确的情况下，对颜色的判断比肉眼准确，但在生产上会受仪器和操作的限制，不过在今后机械化采收中或许会有较好的参考作用。

5. 数字图像数据判断法

随着科技与农业的发展与融合，我国烟叶生产机械化、智能化的程度也在逐步提高，这为降低劳动强度、提高劳动效率、降低劳动成本等方面起到了积极的作用。数字图像处理方法用于烟叶成熟度判断就是其中的发展方向之一。数字图像数据判断法是通过对烟草植株的图像进行数字化处理，得到目标对象的特征参数，并在此基础上构建特征参数与烤烟生理生化指标的关联模型，使之能够快速、准确、无损地获取其生理生化指标定量信息，从而对烟叶的成熟度进行判断。现已有人研究出将图像处理与手机软件相结合运用的办法，其可实现烟叶成熟度的现场快速检测判定，这一创新对于对烟叶成熟度的快速判断具有重要意义。

第二节　贵州烟叶成熟过程中的生理生化变化

烤烟成熟过程是伴随着烟叶外观特征变化的一个复杂的生理生化变化过程，烟叶的组织结构、酶活性、内部化学成分含量等都会发生变化，进而影响烤后烟叶的物理特性、化学性质、吸食质量和使用价值等，因此，烟叶成熟过程的生理生化变化与质量有着极其密切的关系。

一、烟叶成熟过程中 SPAD 值的变化

SPAD 值是指叶绿素的相对含量，在一定程度上可反映出烟叶的变黄程度。一般情况下烟叶成熟过程中的 SPAD 值是逐渐下降的，但其具体表现也受烤烟种植生态区、品种、栽培技术及烟叶部位等的影响。

从贵州大学烟草学院对不同生态区、不同品种、不同部位烟叶的 SPAD 值随成熟进程的变化情况的检测中不难看出（见图 1-1-1、图 1-1-2），随着烟叶的逐渐成熟，SPAD 值均呈逐渐下降的趋势。SPAD 值下降的速度具体表现为先快后略有减慢然后又逐渐加快的变化规律；上部叶 SPAD 值略大于中部叶，同一烟株上部叶的 SPAD 值要达到中部叶的 SPAD 值，需要更长的时间，这说明上部叶成熟期更长，即我们常说上部叶更耐成熟；不同品种的 SPAD 值变化也存在差异，如云烟 116 成熟前期 SPAD 值更高，但下降速度更快，这可能与其前期叶色更绿而落黄速度更快有关；不同生态区烟叶的 SPAD 也存在差异，蜜甜香型烟区（清镇）烟叶进入成熟后 SPAD 值一直低于清甜型烟区（威宁），且下降速率更快，这可能与烟叶成熟期的气温有一定关系。

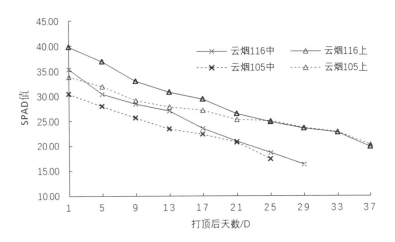

图 1-1-1　烟叶成熟过程中 SPAD 值变化（威宁）

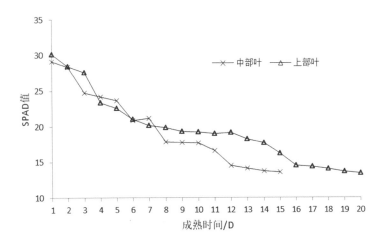

图 1-1-2　烟叶成熟过程中 SPAD 值变化（清镇，云烟 87）

二、烟叶成熟过程中的水分变化

　　水分是烟叶物质形成、运输、转化的关键物质，同时对烟叶体内酶活性产生重要影响。在烟叶成熟过程中，烟叶含水量逐渐下降，但当烟叶进入过熟期后，随着干物质的过度消耗，含水量又会有所升高，一般中部叶含水量高于上部叶，且中部叶进入成熟后含水量下降速率高于上部叶，即上部叶进入成熟后水分含量下降的速度较缓慢；烟叶含水量也会受气候（如温度、湿度）的影响，如干旱或雨水过多均会导致烟叶含水量下降或上升；另外，烟叶进入过熟期后含水量也有可能呈现重新上升趋势，这与烟叶干物质的过度消耗有关（见图 1-1-3、图 1-1-4）。

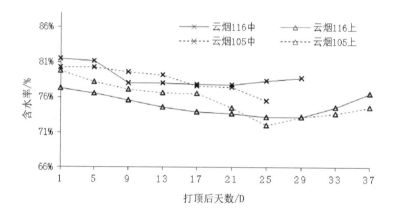

图 1-1-3　烟叶成熟过程中含水率变化（威宁）

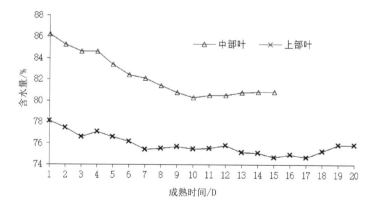

图 1-1-4　烟叶成熟过程中含水量变化（清镇，云烟 87）

三、烟叶成熟过程中干物质含量的变化

烟叶干物质是烟叶产量的基础，受烤烟品种、土壤、栽培技术（包括成熟采烤）、气候、生态等因素的影响。

图 1-1-5 和图 1-1-6 反映的是两个生态烟区烟叶成熟过程中干物质含量的变化情况。从这两图中不难看出，无论清甜香型烟区（威宁）还是蜜甜香型烟区（清镇），烟株打顶后，烟叶干物质含量均呈现出先逐渐上升而后逐渐下降的趋势；威宁烟区的云烟 116 中部叶从打顶开始至打顶后 21 天，其干物质是逐渐上升的，21 天后才逐渐下降，而上部叶则至 29 天后才有所下降。从下降速率来看，中部叶明显快于上部叶，说明中部叶耐熟性不如上部叶好。蜜甜烟区（清镇）的云烟 87 进入成熟期后（变黄 1 成开始），干物质积累量也呈现先升后降的趋势，中部叶和上部叶分别在第 9 天和第 17 天后才开始下降。两个烟区干物质积累速率和下降速率略有差异，蜜甜香型烟区要快于清甜香型烟区，这可能与生态条件尤其是温度、光照等有关。

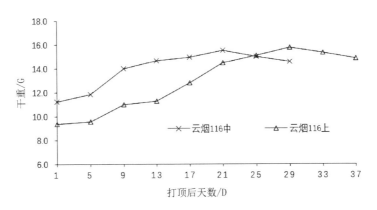

图 1-1-5　烟叶成熟过程中干物质含量变化（威宁）

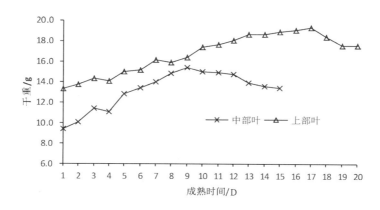

图 1-1-6　烟叶成熟过程中干物质含量变化（清镇，云烟87）

四、烟叶成熟过程中组织结构的变化

烤烟是以叶片为产品器官的经济作物，而叶片组织结构与其品质存在着相关性。烟叶组织结构包括叶厚、叶片栅栏组织厚度、海绵组织厚度、细胞密度等，这些参数会受品种、栽培技术的影响，同时也会随着烟叶的成熟而发生变化。通过对云烟87不同部位烟叶成熟过程中组织结构的显微观察（见表1-1-1），不同部位烟叶组织结构随烟叶成熟呈相似的规律性变化，即烟叶成熟度的提高，叶厚、栅栏组织厚度、栅栏组织厚度／海绵组织厚度、栅栏组织厚度／叶厚以及上、下表皮厚度逐渐下降，且成熟度越高，下降速度越快，部位越高下降速度越慢；叶片厚度下降速率加快，说明叶肉细胞抗衰老能力减弱，烟叶内物质消耗速率加剧；海绵组织厚度及海绵组织厚度／叶厚随成熟度的变化呈相反趋势。另从下图1-1-7可以看出，不同部位随着成熟度的提高，细胞密度逐渐减小，组织结构也逐渐变得疏松。烟叶质量要求叶片厚薄适中（不同部位具体要求不同），因此，成熟度不宜过低或过高，但随部位升高，成熟度也应适当提高；组织结构疏松（但不松散）也是烟叶质量的重要指标，从这个角度上说，成熟度过低或过高都不好，且相比而言，下部叶宜成熟度低些，上部叶宜成熟度高些。

表 1-1-1　不同成熟度鲜烟叶组织构造密度（贵州大学，云烟 87）

部位	成熟度	叶厚（μm）	栅栏组织厚度（μm）	海绵组织厚度（μm）	上表皮厚度（μm）	下表皮厚度（μm）	组织比	海绵组织厚度/叶厚	栅栏组织厚度/叶厚
下部叶	XM1	183.3a	65.2a	73.0a	27.25a	17.85la	0.89	0.40	0.36
	XM2	179.9a	64.4a	74.9a	23.29ab	17.31ab	0.86	0.42	0.36
	XM3	174.4ab	61.9ab	76.1a	20.11bc	16.29bc	0.81	0.44	0.35
	XM4	161.4b	52.7b	78.4a	15.25c	15.05c	0.67	0.49	0.33
中部叶	CM1	220.7a	80.8a	85.2a	35.36a	19.34a	0.95	0.39	0.37
	CM2	216.8ab	80.4a	83.7a	32.75a	19.95a	0.96	0.39	0.37
	CM3	210.4b	76.6ab	84.8a	28.69b	20.31a	0.90	0.40	0.36
	CM4	196.9c	66.9b	91.2a	21.05c	17.75a	0.73	0.46	0.34
上部叶	BM1	230.9a	105.8a	74.9b	30.08a	20.12a	1.41	0.32	0.46
	BM2	229.6a	104.1a	75.4ab	29.05a	21.05a	1.38	0.33	0.45
	BM3	228.7a	103.7a	77.1ab	28.95a	18.95a	1.35	0.34	0.45
	BM4	223.4a	88.5a	83.2a	29.85a	21.85a	1.06	0.37	0.40

注：X、C、B 分别代表下、中、上部位；M1—M4 表示叶面综合变黄程度。

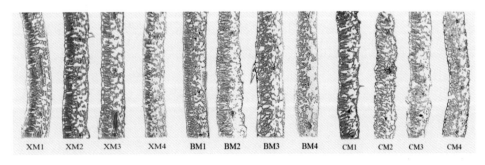

图 1-1-7　烟叶成熟过程中组织结构变化（贵州大学，云烟 87）

五、成熟过程中主要酶活性变化

1. 淀粉酶活性变化

淀粉酶是一种糖苷水解酶，包括 α- 淀粉酶和 β- 淀粉酶，其功能是作用于 α-1、4- 糖苷键，催化淀粉水解成糖。烟叶成熟过程中淀粉酶活性的高低反映出叶内淀粉降解的速率，从而直接关系到烟叶中淀粉的降解量。

事实上，在烟叶调制过程中，由于烟叶代谢为饥饿代谢，因此淀粉酶活性的高低可反映出淀粉水解的速率或降解量。但在烟叶生长过程中，既存在在二磷酸尿苷葡萄糖转葡萄糖苷酶、二磷酸腺苷葡萄糖转葡萄糖苷酶以及 Q 酶作用下将糖合成淀粉的情况，也存在在 α- 淀粉酶和 β- 淀粉酶作用下将淀粉转化（水解）为糖的情况，所以当淀粉合成量高时，其降解量也可能高。下图 1-1-8 反映的是威宁烟区（云烟 105）烟株打顶后中部叶和上部叶的 α- 淀粉酶活性的变化情况，图 1-1-9 反映的是清镇烟区（云烟 87）烟叶进入成熟期后 α- 淀粉酶活性的变化情况。从图中不难发现，烟叶在成熟前及进入成熟后的前期 α- 淀粉酶是逐渐升高的，而后才逐渐下降，这说明此时间段淀粉分解量是高的，但淀粉合成量也高，因此淀粉含量不一定下降甚至有可能增加；后期随着烟叶成熟程度的提高，叶绿素逐渐降解，光合能力下降，淀粉合成能力逐渐下降，同时淀粉酶活性也逐渐下降；从部位上看，上部叶淀粉酶活性前期一直高于中部叶，但后期较中部叶提前下降，上部叶活性峰值略低于中部叶且下降速率低于中部叶，说明上部叶晚于中部叶成熟；从不同生态烟区的淀粉酶活性值来看，清镇略高于威宁，尤其是上部叶表现突出，这可能与生态条件有关，很显然上部叶成熟期威宁烟区气温明显低于清镇烟区。

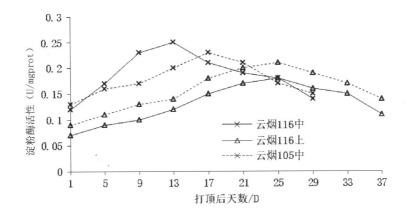

图 1-1-8　烟叶成熟过程中淀粉酶活性变化（威宁）

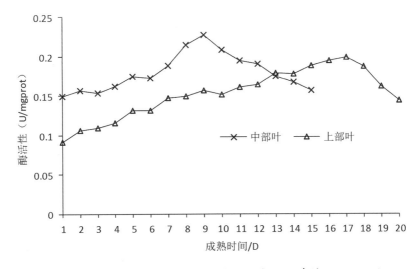

图 1-1-9　烟叶成熟过程中淀粉酶活性变化（清镇，云烟 87）

2. 硝酸还原酶活性变化

硝酸还原酶（nitrate reductase，缩写 NR）是一种可催化硝酸离子还原成亚硝酸离子的氧化还原酶，硝酸还原酶作为植物体内硝酸盐同化过程中的一种关键酶，在烟叶氮代谢过程中起着极为重要的作用。可以这样说，硝酸还原酶活性与鲜烟叶中氮代谢水平的强度紧密相关，其活性越高，代表烟叶氮代谢能力越强。

一般来说，烤烟大田前期由于烟叶生长较旺盛，所以硝酸还原酶活性较高，烟叶生长后期后逐渐下降，尤其是进入成熟期后下降速率加快，说明此时氮代谢能力逐渐减弱，而碳代谢能力逐渐增强。

贵州大学烟草学院研究表明（见图1-1-10、图1-1-11），威宁烟区烤烟打顶后，硝酸还原酶活性呈逐渐下降趋势，中部烟叶硝酸还原酶活性由打顶后1天的0.21—0.23 u/mol/0.1g逐渐降至打顶后29天的0.09—0.11 u/mol/0.1g，上部叶则由打顶后1天的0.24—0.26 u/mol/0.1g降至打顶后37天的0.12—0.14 u/mol/0.1g。清镇烟区中、上部叶则由开始变黄的0.2 u/mol/0.1g、0.22 u/mol/0.1g分别降至变黄后第16天、第20天的0.07 u/mol/0.1g和0.08 u/mol/0.1g。由此看出，在烟叶生长同一时间内或相同的成熟状态下，上部叶硝酸还原酶活性均高于中部叶，但硝酸还原酶活性下降速率则是中部叶高于上部叶，说明上部叶氮代谢能力高于中部叶，上部叶晚熟于中部叶，不同品种的烤烟其硝酸还原酶活性有差异，威宁烟区烤烟的硝酸还原酶活性下降速率低于清镇烟区，这可能与两个生态区气候有关。

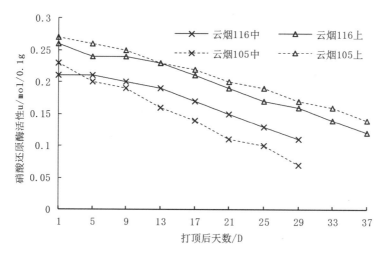

图 1-1-10　烟叶成熟过程中硝酸还原酶活性变化（威宁）

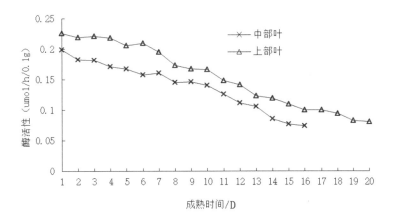

图 1-1-11　烟叶成熟过程中硝酸还原酶活性变化（清镇，云烟 87）

六、烟叶成熟过程中主要化学成分变化

1. 碳水化合物的变化

烟叶中的碳水化合物主要包括淀粉、总糖、还原糖、纤维素、半纤维素、木质素、糊精、糖苷等，是烟叶干物质的主要组成部分，可占干物质总量的50%，这些物质不仅会对烟叶的碳氮平衡产生重要影响，同时也会直接或间接对烟叶品质产生影响。一般认为，烟叶中氮化合物含量随烟叶的生长而逐渐上升，到成熟前达最大值，随后逐渐下降，而碳水化合物含量则随烟叶的生长逐渐上升，至成熟时达最大值。

淀粉是在烟叶生长过程中不断积累的，但经过烘烤后会在淀粉酶作用下水解为糖，而糖特别是水溶性糖对提高烟叶柔软性、甜润感、香气及对烟气的酸碱平衡有积极作用。有研究表明，淀粉在烟叶成熟时其含量可占碳水化合物总量的 25%—30%。

贵州不同生态烟区烟叶的淀粉含量在成熟过程中呈相似的变化规律，均呈现先上升后下降的趋势，中部叶淀粉含量峰值出现在打顶后 21—25 天，约为22%—25%，其中威宁烟区约为 22%，清镇烟区约为 25%；上部叶淀粉含量峰值出现在打顶后29—33天，且两个生态烟区均在30%左右。这似乎说明生态、品种对烟叶淀粉含量的影响不如栽培技术对烟叶淀粉含量的影响（这点有待进一步研究）；威宁烟区烟叶淀粉含量增加与下降速率均小于清镇烟区，这与生态条件是有关的；上部叶淀粉含量峰值时间滞后于中部叶，这与不同部位烟叶成熟时间先后有关（见图1-1-12、图1-1-13）。

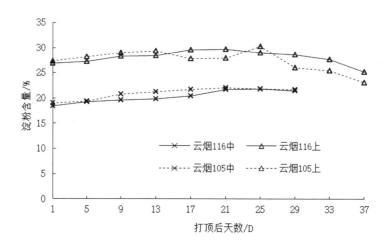

图 1-1-12　烟叶成熟过程中淀粉含量变化（威宁）

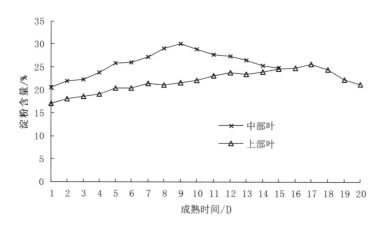

图 1-1-13　烟叶成熟过程中淀粉含量变化（清镇，云烟87）

　　总糖、还原糖含量随烟株打顶后逐渐增加，至打顶后 21—25 天和 29—33 天（中部叶和上部叶，威宁）达最大值，随后逐渐缓慢下降，进入成熟期后约 9 天或 17 天达最大值（中部叶和上部叶，清镇）；总糖、还原糖含量一般是中部叶高于上部叶，中部叶、上部叶最大值分别为 10%—12%、7%—8%，品种间略有差异（见图 1-1-14、图 1-1-15、图 1-1-16、图 1-1-17）。

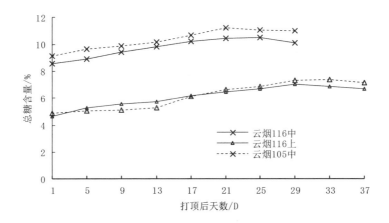

图 1-1-14　烟叶成熟过程中总糖的动态变化（威宁）

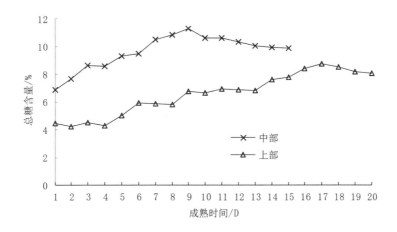

图 1-1-15　烟叶成熟过程中总糖含量的变化

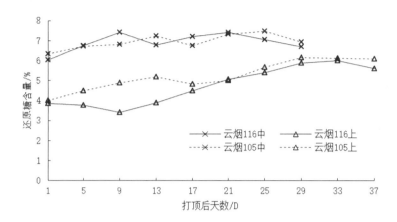

图 1-1-16　烟叶成熟过程中还原糖的动态变化

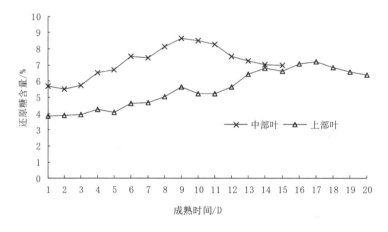

图 1-1-17　烟叶成熟过程中还原糖含量的变化

淀粉、总糖、还原糖含量在成熟过程中呈现先升后降的趋势，中部叶高峰值出现在打顶后 21—25 天或开始变黄后（进入成熟期）的第 9 天左右，上部叶则出现在打顶后 29—33 天或开始变黄后的第 17 天左右。此时清香型烟区（威宁）的中部叶可以考虑采收，这有利于保持烟叶的清香型风格；而对于蜜甜香型烟区（清镇）而言，则可考虑适当推迟采收，这则有利于提高烟叶的成熟度，尤其是上部叶。

需要说明的一点是：威宁烟区研究的中部叶取样为典型的中部叶（中部第2炕），而上部叶则因某些原因取样上部叶第1炕，因此，对于清甜香型的威宁烟区来说，中部叶采摘可提前7—8天，即考虑在打顶后17天左右开采。

2. 烟叶成熟过程中含氮化合物的含量变化

烟叶中的含氮化合物主要包括蛋白质、游离氨基酸、叶绿素、生物碱、硝酸盐及其他氮杂环化合物等。

烟叶中总氮是指烟叶中各种形态无机和有机氮的总量，包括 NO_3^-、NO_2^- 和 NH_4^+ 等无机氮和蛋白质、氨基酸和有机胺等有机氮。总氮含量的高低代表着氮代谢的水平，一般来说，烤烟打顶后烟叶氮代谢能力逐渐下降，总氮含量随之逐渐降低。图 1-1-18 和图 1-1-19 是贵州大学烟草学院对不同生态烟区（清镇和威宁）烟株打顶后和烟叶成熟期总氮含量的变化情况检测。从图中不难看出，打顶后总氮含量逐渐降低，上部叶由成熟前的3% 左右降低至成熟后的2.5% 左右，中部叶则由 2.5%—3% 降至 1.7% 左右，上部叶氮含量高于中部叶，不同品种的烤烟总氮含量存在差异，这与品种的特性有关。威宁烟区烟叶总氮含量下降速率慢于清镇烟区，这与生态条件尤其是温度有关。

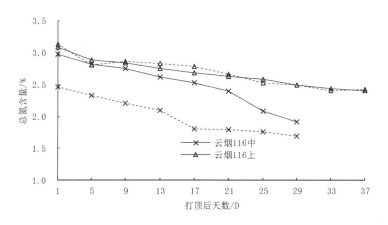

图 1-1-18　烟叶成熟过程中总氮的动态变化（威宁）

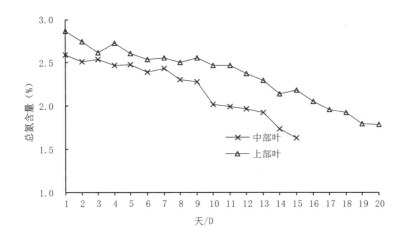

图 1-1-19　烟叶成熟过程中总氮含量的变化（清镇，云烟87）

　　总氮含量的变化在一定程度上反映出蛋白质含量的变化，从这个角度上来看，蛋白质含量的变化规律与总氮含量的变化规律有相似性。从图1-1-20、图1-1-21看，威宁烟区中部叶、上部叶蛋白质含量分别由打顶1天后的14%—17%和17%下降到打顶后37天的8%—10%和12%左右，清镇烟区中部叶、上部叶蛋白质含量则由成熟前的14%—16%降到成熟后的9%—10%。这说明三个问题：一是上部叶蛋白质含量高于中部叶；二是不同烤烟品种蛋白质含量是存在差异的；三是中部叶蛋白质含量下降速率高于上部叶，而威宁烟区烟叶蛋白质含量下降速率慢于清镇烟区。有研究认为，烟叶成熟时蛋白质含量一般为12%—15%，这与蜜甜香型烟区（清镇）研究结果接近，但高于清甜香型烟区（威宁），当然也可能存在因各年度气候不同而导致的差异，该原因有待进一步证实。

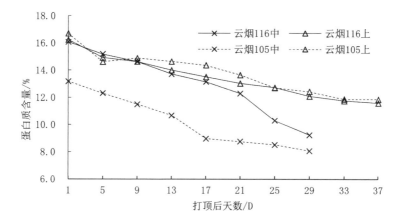

图 1-1-20　烟叶成熟过程中蛋白质含量变化（威宁）

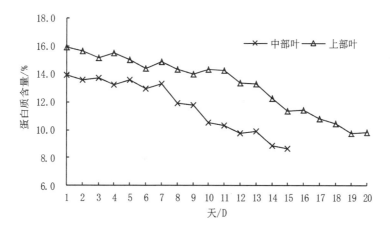

图 1-1-21　烟叶成熟过程中蛋白质含量变化（清镇，云烟 87）

烟碱（Nicotine）是指烟草中的烟草碱及其类似的生物碱的总称，是烟草所特有的植物碱，包括烟碱、假木贼烟、原烟草碱等，其中烟碱占总植物碱的 95% 以上。纯烟碱在常温下为无色或淡黄色的油状体，具有强烈的辛辣味和潮解性，烟碱含量是烟叶及卷烟重要的质量指标，除燃烧提供烟味和生理满足外，其裂解的吡啶类产物也被认为是潜香物质。在烤烟烟叶中，烟碱含量不如蛋白质、淀粉含量高，一般不会超过 5%，且随部位升高而升高，作为优质原烟一般要求下部叶烟碱含量为 1.5%—2.0%、中部叶烟碱含量为 2.0%—2.8%、上部叶烟碱含量为 2.8%—3.5%，不同卷烟企业要求略有差异。

根据贵州大学烟草学院的研究（见图 1-1-22、图 1-1-23），清香型烟区（威宁）中部叶烟碱含量从打顶时的 2%—2.3% 上升至打顶后的 2.3%—2.5%，上部叶则由打顶时的 2.7%—2.9% 上升至打顶后的 3%—3.3%；蜜甜香型烟区（清镇）中部叶烟碱含量则由开始进入成熟时的 2% 上升至成熟后的 2.6%，上部叶则由进入成熟时的 2.5% 上升至成熟后的 3.5%，上升幅度较清甜香型烟区更大

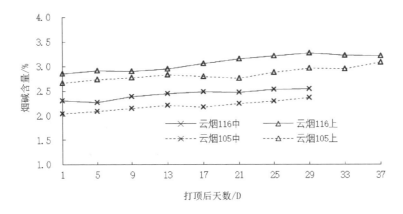

图 1-1-22 烟叶成熟过程中烟碱含量变化（威宁）

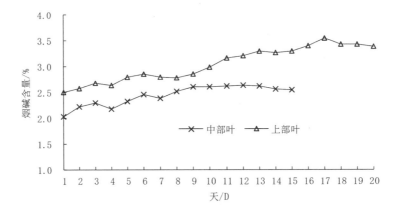

图 1-1-23 烟叶成熟过程中烟碱含量变化（清镇，云烟 87）

些。烟碱含量一般随烟叶的生长而不断积累增多，当叶片生长进入成熟后，其绝对值则不再会有大的变化，而之所以烟碱含量出现不断上升的趋势，可能与前期自身植物碱的合成有关，后期则与烟叶干物质含量下降有一定关系。

第三节　烟叶成熟度与烤后烟叶质量

成熟度是烟叶质量的核心，不同成熟度的烟叶因其生理生化特性的不同，烤后烟叶质量也存在差异。

1. 成熟度对烤后烟叶等级质量的影响

烟叶等级质量有两个方面的含义：一是指烟叶分级的均匀性（纯度）及合格率，表现在分级的准确性以及是否混部位、颜色、等级等；二是指根据国标等级品质因素分级后所表现出来的质量，如枯黄率、上等烟率、上中等烟率、均价等。前者是卷烟产品配方的质量需求，后者是烟叶质量和经济效益的重要指标。对于烟叶生产与成熟采烤而言，提高烟叶等级质量主要指提高后者质量。

把控烟叶采收成熟度是提高烤后烟叶质量的重要环节，成熟的烟叶，烤后烟叶质量也好，成熟度不够或过熟的烟叶，烤后烟叶质量相对较差。因此，把握好采收成熟度是提高烤后烟叶质量的前提。

贵州大学烟草学院经研究得出结论（见表1-1-2）：随烟叶采收成熟度的提高，烤后烟叶上等烟率、均价呈先升后降趋势，杂色烟率则呈先降后升趋势，说明适熟采收有利于提高烤后烟叶的等级质量。不同品种烟叶适宜成熟度存在一定的差异，这可能与品种特性有关，如云烟116成熟度要求略高于云烟87和云烟105。不同生态区适宜的烟叶成熟度也存在一定的差异，镇远、瓮安等蜜甜香型烟区的适宜成熟度表现为：中部叶综合变黄程度约为70%，上部叶综合变黄程度为80%—90%。而大方、威宁等清甜香型烟区的适宜成熟度略低于蜜甜香型烟区，表现为：中部叶综合变黄程度60%—70%，上部叶综合变黄程度为70%—80%，这与生态条件和香型风格要求有关。

表 1-1-2　中部叶不同成熟度采收烤后等级质量（2020 年）

地点	成熟度	品种	上等烟率（%）	中等烟率（%）	杂色烟率（%）	均价（元/kg）
大方	CM1（综合变黄50%）	云烟87	66.35	19.91	13.47	30.34
	CM2（综合变黄60%）		72.89	21.5	5.61	33.54
	CM3（综合变黄70%）		66.29	27.66	6.05	30.45
	CM4（综合变黄80%）		68.66	24.1	7.24	30.43
	CM1（综合变黄50%）	云烟116	61.59	18.37	20.04	27.63
	CM2（综合变黄60%）		55.32	28.74	15.94	28.99
	CM3（综合变黄70%）		76.51	18.74	4.75	32.81
	CM4（综合变黄80%）		72.37	21.93	5.7	29.85
	CM1（综合变黄50%）	云烟105	60.47	25.12	14.51	28.78
	CM2（综合变黄60%）		83.98	7.89	8.13	34.37
	CM3（综合变黄70%）		77.89	18.42	3.69	30.54
	CM4（综合变黄80%）		63.69	17.57	18.74	27.17
镇远	CM1（综合变黄50%）	云烟87	59.12	19.33	21.55	27.23
	CM2（综合变黄60%）		69.35	18.76	11.89	30.83
	CM3（综合变黄70%）		77.47	11.84	10.69	33.13
	CM4（综合变黄80%）		65.74	22.56	11.7	28.77
瓮安	CM1（综合变黄50%）	云烟87	29.64	46.19	15.73	25.92
	CM2（综合变黄60%）		61.33	25.67	5.61	28.66
	CM3（综合变黄70%）		61.58	30.48	2.20	31.93
	CM4（综合变黄80%）		48.41	39.87	10.16	28.72

续表

地点	成熟度	品种	上等烟率（%）	中等烟率（%）	杂色烟率（%）	均价（元/kg）
威宁	CM1（综合变黄50%）	云烟105	29.64	46.19	15.73	25.92
	CM2（综合变黄60%）		61.58	25.67	2.20	29.93
	CM3（综合变黄70%）		60.33	30.48	6.61	28.66
	CM4（综合变黄80%）		48.41	41.43	10.16	26.72
	CM1（综合变黄50%）	云烟116	47.81	32.60	13.89	25.45
	CM2（综合变黄60%）		65.45	32.55	2	28.90
	CM3（综合变黄70%）		57.14	33.09	9.75	27.40
	CM4（综合变黄80%）		51.43	29.01	12.70	26.83

表 1-1-3　上部叶不同成熟度采收烤后等级质量（2020年）

地点	成熟度	品种	上等烟率（%）	中等烟率（%）	杂色烟率（%）	均价（元/kg）
大方	BM1（综合变黄60%）	云烟87	30.05	30	36.95	24.09
	BM2（综合变黄70%）		45.97	31.68	22.35	27.95
	BM3（综合变黄80%）		75.25	16.45	8.3	31.67
	BM1（综合变黄60%）	云烟116	22.02	33.57	34.41	23.71
	BM2（综合变黄70%）		42.84	49.89	7.27	27.22
	BM3（综合变黄80%）		62.19	31.02	6.79	30.75
	BM1（综合变黄60%）	云烟105	34.61	40.92	24.47	25.2
	BM2（综合变黄70%）		31.27	49.66	19.07	24.26
	BM3（综合变黄80%）		66.38	19.58	14.04	29.49
镇远	BM1（综合变黄60%）	云烟87	50.77	21.75	30.96	24.03
	BM2（综合变黄70%）		53.34	24.63	22.83	27.78
	BM3（综合变黄80%）		61.16	20.63	10.31	30.55
	BM4（综合变黄90%）		47.58	21.63	28.64	26.23

续表

地点	成熟度	品种	上等烟率（%）	中等烟率（%）	杂色烟率（%）	均价（元/kg）
镇远	BM1（综合变黄60%）	云烟116	50.13	25.17	24.41	23.94
	BM2（综合变黄70%）		65.31	25.60	9.09	28.91
	BM3（综合变黄80%）		74.39	20.46	5.15	30.86
	BM4（综合变黄90%）		57.95	19.32	22.73	27.08
瓮安	BM1（综合变黄60%）	云烟87	36.29	18.55	45.16	18.61
	BM2（综合变黄70%）		45.99	20.80	33.21	22.35
	BM3（综合变黄80%）		55.83	24.77	19.40	25.77
	BM4（综合变黄90%）		64.41	19.30	16.29	27.72
威宁	BM1（综合变黄60%）	云烟116	36.29	18.55	45.16	18.61
	BM2（综合变黄70%）		64.41	19.30	16.29	27.72
	BM3（综合变黄80%）		45.99	20.80	33.21	22.35
	BM4（综合变黄90%）		55.83	24.77	19.40	25.77

2. 烟叶成熟度对烤后烟叶化学成分的影响

化学成分由烟叶干物质组成，也是烟叶单叶重的基础。化学成分也可分为常规化学成分及特殊化学成分，常规化学成分主要包括总氮、蛋白质、烟碱、总糖、还原糖、钾、氯等。化学成分含量及协调性是评判烤后烟叶质量的重要指标，各卷烟企业对初烤烟叶都有其要求范围。由于品种、烟叶部位、生态条件、栽培技术、成熟采收及烘烤工艺的不同，烟叶的化学成分含量会存在差异。在品种、生态条件不变的情况下，通过对栽培技术调整、成熟度把握及烘烤工艺改进可以在一定程度上对化学成分含量进行调控。

贵州大学烟草学院研究表明（见表1-1-3、表1-1-4），不同品种同一部位同一成熟度烤后烟叶化学成分含量是存在差异的，这与品种遗传特性有关；同一品种不同成熟度的烟叶化学成分含量也存在差异，这与烟叶成熟过程中部分化学成分分解转化有关。总的来看，总氮、蛋白质含量呈逐渐上升趋势，烟碱含量呈先降后升趋势，总糖、还原糖含量呈先升后降趋势。另外，从不同部位来看，上部叶总氮、烟碱含量高于中部叶，而总糖和还原糖含量低于中部叶，且不同生态环境下的烤烟其化学成分含量也存在差异。总体来说，清甜香型烟区（大方、威宁）的烟叶总糖、还原糖含量略高于蜜甜香型烟区（镇远、瓮安），而总氮、烟碱、蛋白质含量则略低于蜜甜香型烟区，但清甜香型烟区上部叶总糖、还原糖含量也低于蜜甜香型烟区，这可能与清甜香型烟区上部叶成熟时气温相对较低、光照较弱有一定的关系。

表 1-1-4　中部叶不同成熟度烟叶主要化学成分（贵州大学，2020 年）

地点	品种	处理	烟碱	总氮	钾	蛋白质	淀粉	还原糖	总糖	石油醚提取物
大方	云烟 116	CM1	2.44	1.86	1.73	7.72	5.19	19.84	26.14	6.49
		CM2	2.19	1.77	1.52	8.04	5.12	21.33	28.77	6.78
		CM3	2.58	1.96	1.83	9.46	4.62	19.27	29.01	7.37
		CM4	2.54	1.82	1.96	9.63	4.24	18.08	27.13	7.67
	云烟 105	CM1	2.52	1.84	1.72	7.97	5.66	20.72	27.48	6.37
		CM2	2.35	1.74	1.55	8.15	5.24	22.28	29.45	6.83
		CM3	2.47	1.77	1.78	9.27	4.73	19.21	29.61	7.59
		CM4	2.39	1.91	1.84	9.52	4.54	20.01	28.59	7.81
	云烟 87	CM1	2.61	1.81	1.77	8.11	5.23	20.72	26.64	6.57
		CM2	2.42	1.67	1.68	8.52	5.37	21.22	28.42	7.21
		CM3	2.52	1.71	1.89	9.34	4.64	19.72	27.26	7.42
		CM4	2.43	1.75	1.88	9.24	4.57	20.14	28.23	7.64
	云烟 116	BM1	3.24	2.46	1.88	10.24	5.25	20.24	22.17	7.31
		BM2	2.96	2.57	2.26	9.27	4.61	18.53	24.64	7.83
		BM3	2.84	2.76	1.89	9.34	4.55	19.42	24.25	8.27

续表

地点	品种	处理	烟碱	总氮	钾	蛋白质	淀粉	还原糖	总糖	石油醚提取物
大方	云烟105	BM1	3.42	2.59	1.93	9.97	5.23	21.38	22.35	7.34
		BM2	3.37	2.65	1.85	10.15	4.57	20.37	25.51	7.71
		BM3	3.25	2.47	2.03	9.44	4.66	19.54	25.47	8.17
	云烟87	BM1	3.61	2.51	2.12	9.58	5.23	20.39	22.24	7.69
		BM2	3.52	2.74	1.97	10.37	4.53	19.46	20.85	8.06
		BM3	3.42	2.68	1.95	9.77	4.46	19.21	22.63	7.57
镇远	云烟87	BM1	3.82	2.49	1.77	10.85	8.62	18.65	24.47	6.24
		BM2	3.5	2.35	1.82	10.12	7.85	24.16	25.86	6.71
		BM3	3.42	2.61	2.26	8.97	6.18	26.08	27.5	8.08
		BM4	3.31	2.15	2.12	9.63	5.98	23.63	26.06	8.01
瓮安	云烟87	BM1	3.73	2.93	1.85	10.56	8.52	22.15	24.13	6.33
		BM2	3.62	2.57	2.35	9.34	7.66	23.06	25.82	6.75
		BM3	3.46	2.53	2.71	8.87	6.54	25.83	26.74	8.64
		BM4	3.25	2.39	2.52	7.58	6.02	23.45	25..24	8.19
威宁	云烟105	CM1	2.33	1.57	1.63	4.92	9.77	23.76	25.29	7.55
		CM2	2.85	1.78	1.79	4.71	9.11	24.71	27.08	7.72
		CM3	2.65	1.46	1.68	4.64	8.90	25.09	26.21	7.84
		CM4	2.41	1.27	1.66	4.38	8.18	24.66	25.87	7.21
	云烟116	CM1	2.20	2.18	1.66	4.72	10.92	21.92	25.27	7.16
		CM2	2.92	1.85	1.58	4.50	10.54	26.38	28.78	7.17
		CM3	2.70	1.75	1.55	4.41	9.61	24.09	27.47	7.37
		CM4	2.51	1.69	1.48	4.19	9.28	24.77	26.92	7.37

3. 云烟不同成熟度采收对烤后烟叶评吸质量的影响

烟叶评吸质量是卷烟或原料在燃吸过程中产生的主流烟气对人体感官产生的综合感受。

影响烟叶感官质量的因素主要包括气候因素（温度、雨水、光照等）、烟叶化学成分及协调性（总氮、蛋白质、还原糖、淀粉、钾、氯、两糖差、氮碱比、糖碱比等）、成熟度及其他因素（拉力、出丝率等）。烟叶的感官评吸是质量的重要组成部分，通过对烟叶的质量评定可为烟叶生产的改进提供参考依据。

表 1-1-5 是贵州大学烟草学院对不同品种不同成熟度中部叶、上部叶烤后原料烟叶评分结果，从表中可以看出：随着成熟度逐渐提高，烟叶评吸总分呈现出先升后降的趋势，即成熟度适宜的烟叶评吸得分较高，成熟不够或成熟过度的烟叶评吸得分相对较低，得分高低主要表现在香气质、香气量、吃味和杂气等方面；不同部位烟叶评吸质量表现为中部叶香气质、杂气方面表现优于上部叶，但上部叶香气量则略优于中部叶，评吸总分差异不大；不同品种评吸质量也存在一定的差异，如云烟 87 和云烟 105 在香气、吃味、杂气、刺激性方面优于云烟 116，但劲头表现不如云烟 116；不同生态烟区烟叶评吸得分也有差异，以清甜香型烟区烟叶表现较好，得分较高，尤其在香气质方面表现突出。值得注意的是，威宁烟区（清甜香）中部叶成熟度以 CM2 表现最好，而其余烟区（蜜甜香）则以 CM3 表现最好，这似乎进一步说明清甜香型烟区烟叶采收成熟度宜适当低于蜜甜香型烟区。

表 1-1-5　不同成熟度烟叶原料评吸质量（贵州大学，2020 年）

地点	品种	处理	香型	香气质	香气量	吃味	杂气	刺激性	劲头	燃烧性	灰分	总分
大方	云烟116	CM1	纯甜	6.78	6.90	8.02	6.62	6.68	7.82	9.00	6.00	57.8
		CM2	纯甜	6.82	6.92	8.02	6.68	6.68	7.82	9.00	6.00	57.9
		CM3	纯甜	6.88	6.98	8.06	6.68	6.62	7.82	9.00	6.00	60.1
		CM4	纯甜	6.76	6.98	8.02	6.62	6.68	7.86	9.00	6.00	57.9

续表

地点	品种	处理	香型	香气质	香气量	吃味	杂气	刺激性	劲头	燃烧性	灰分	总分
大方	云烟105	CM1	纯甜	6.82	7.02	8.08	6.68	6.68	7.42	9.00	6.00	57.7
		CM2	纯甜	6.98	7.23	8.12	6.86	6.86	7.12	9.00	6.00	58.2
		CM3	纯甜	7.22	7.18	8.12	6.82	6.82	7.23	9.00	6.00	58.4
		CM4	纯甜	6.88	7.16	8.06	6.80	6.82	7.22	9.00	6.00	57.9
	云烟87	CM1	纯甜	7.02	7.28	8.24	6.98	6.98	7.28	9.00	6.00	58.8
		CM2	纯甜	7.24	7.32	8.32	6.98	7.02	7.32	9.00	6.00	59.2
		CM3	纯甜	7.32	7.28	8.32	6.98	7.12	7.28	9.00	6.00	60.2
		CM4	纯甜	7.24	7.28	8.32	6.98	7.08	7.32	9.00	6.00	59.2
	云烟116	BM1	纯甜	7.02	7.32	8.18	7.02	7.12	7.08	9.00	6.00	58.7
		BM2	纯甜	7.08	7.38	8.28	7.12	7.18	7.12	9.00	6.00	59.2
		BM3	纯甜	7.12	7.56	8.52	7.24	7.24	7.12	9.00	6.00	59.8
	云烟105	BM1	纯甜	6.98	7.12	8.08	6.86	6.98	7.02	9.00	6.00	58.0
		BM2	纯甜	6.92	7.18	8.06	6.92	6.92	6.96	9.00	6.00	58.0
		BM3	纯甜	7.16	7.18	8.08	6.98	6.96	6.92	9.00	6.00	58.3
	云烟87	BM1	纯甜	7.02	7.32	8.18	7.02	7.12	7.08	9.00	6.00	59.1
		BM2	纯甜	7.12	7.28	8.36	6.96	6.96	7.02	9.00	6.00	58.7
		BM3	纯甜	7.18	7.32	8.36	7.08	7.00	7.00	9.00	6.00	58.9
镇远	云烟87	BM1	纯甜	7.12	7.28	7.28	7.14	7.22	7.14	9.00	6.00	58.2
		BM2	纯甜	7.12	7.26	7.36	7.28	7.24	7.28	9.00	6.00	58.5
		BM3	纯甜	7.22	7.32	7.36	7.24	7.28	7.24	9.00	6.00	58.7
		BM4	纯甜	7.18	7.24	7.46	7.28	7.18	7.22	9.00	6.00	58.6

续表

地点	品种	处理	香型	香气质	香气量	吃味	杂气	刺激性	劲头	燃烧性	灰分	总分
瓮安	云烟87	BM1	纯甜	6.92	7.18	8.06	6.92	6.92	6.96	9.00	6.00	58.0
		BM2	纯甜	7.12	7.26	7.36	7.28	7.24	7.28	9.00	6.00	58.5
		BM3	纯甜	7.12	7.36	8.22	7.24	7.24	7.12	9.00	6.00	59.3
		BM4	纯甜	7.08	7.38	8.28	7.12	7.18	7.12	9.00	6.00	59.2
威宁	云烟105	CM1	清甜	7.08	7.08	8.04	6.32	6.98	8.00	9	6	58.5
		CM2	清甜	7.42	7.18	8.12	6.28	6.98	7.98	9	6	59.5
		CM3	清甜	7.32	7.12	8.10	6.24	6.86	7.96	9	6	58.6
		CM4	清甜	7.04	7.08	8.06	6.28	6.90	7.92	9	6	58.3
	云烟116	CM1	清甜	7.08	7.12	8.28	7.02	6.88	7.86	9	6	59.2
		CM2	清甜	7.42	7.18	8.54	7.00	6.92	7.68	9	6	59.8
		CM3	清甜	7.16	7.14	8.48	6.92	6.90	7.92	9	6	59.5
		CM4	清甜	7.06	7.12	8.56	7.02	6.92	7.80	9	6	59.5

第二章　贵州烟叶成熟采收技术

一、影响烟叶成熟的因素

成熟采收是烤烟生产的重要环节，适宜成熟采收的烟叶，其变黄适宜、干物质及水分含量适中、化学成分适度，易于烘烤过程中变黄、定色，烤后烟叶质量好，所谓"采烟的是师傅，烘烤的是徒弟"就充分说明了把握好烟叶采收成熟度对提高烟叶质量的重要性。但烟叶成熟度受诸多因素的影响，包括气候条件、土壤条件、栽培技术、烟叶部位及品种特性等。

1. 气候条件

气候条件（climate conditions）包括温度、光照、雨水等。烟叶成熟需要充足而和煦的阳光、较高的温度和适宜的降雨条件。

温度（temperature）：一般认为，烟叶生长最佳的温度为25—28℃，成熟期最适宜的温度范围为24—25℃，且昼夜温差大有利于烟叶生长和干物质的积累。在贵州烟区的实践表明，烟叶成熟期间温度在20—25℃范围有利于保障烟叶的质量，在这适宜范围内，如果温度适当偏低、昼夜温差适当大些更有利于产量和质量的提高，但这种烟叶成熟速度相对要慢些，如威宁烟区正是这种温度条件。

光照（light）：日照充足、阳光和煦是优质烟叶形成的必要条件。光照不足易导致烟叶组织疏松、细胞间隙增大、干物质积累减少，但光照过强则易导致组织结构紧密、主脉粗大、干物质积累过多而化学成分不协调，形成粗筋暴叶。这两种情况均不利于烟叶质量的形成，充足而不过分强烈的光照是优质烟叶形成的基础。

雨水（rain）：烤烟生长期虽然需水量较大，但在成熟期却要求雨水适当。因为雨水偏多会导致温度下降、光照减弱，从而导致细胞间隙加大、组织结构变松、干物质积累含量减少，同时雨水过多还会冲刷叶面分泌物而影响烟叶香气，另外，雨水较多会导致烟叶含水量增加，多酚氧化酶活性升高，从而导致烘烤相对困难且易烤坏。

2. 栽培技术

在烤烟的栽培技术（cultivation techniques）中，施肥水平、种植密度、打顶留叶是影响烟叶成熟的主要因素。

施肥水平（fertilization level）：合理的施肥是保证烟叶产量和质量的基础。合理施肥是指烤烟要根据品种、土壤肥力和气候条件来施以适当比例的施氮量和氮磷钾。烤烟要求"少时富、老来贫，烟株长成肥退劲"，表明烟叶进入成熟时要求肥力退劲、适时落黄。施肥偏少会导致烟株营养不良，叶数少、提前成熟甚至出现"早花"现象；而施肥过多则会导致烟株生长过旺，叶大且厚、粗筋暴叶从而延迟成熟。另外，氮素后移即施氮过晚常常也会使烟叶成熟期推迟。

种植密度（planting density）：适宜的种植密度可保证烤烟田间通风透光和正常生长发育。一般来说，贵州烟区主栽品种的适宜种植密度以 1000—1100 株 /667m^2 为宜，田间最大叶面积系数一般为 2.6—3.2，若密度过小，则会因光照过强而导致叶片干物质积累偏多，推迟成熟，叶片偏厚、单叶重过大，烤后烟叶内在化学成分不协调；若密度过大，则易因田间湿度偏大、光照减弱而导致叶小、叶薄，单叶重过小，这类烟叶往往会提前成熟，当雨水较多时甚至还会出现假熟的情况。

打顶留叶（topping and leaves left）：适时打顶和适宜的留叶数是调控烟叶叶片营养的重要措施。打顶方式按时间来说有扣心打顶、现蕾打顶、初花打顶和盛花打顶几种，可根据烤烟田间实际长势长相灵活打顶，正常情况下以初花打顶居多，若营养不良、长势偏弱则需提前打顶，即则使用现蕾甚至扣心打顶，若长势过旺则可推迟打顶，可使用盛花打顶。正常情况下打顶早会推迟成熟，打顶晚则会提前成熟。

留叶数是烤烟产量和烟叶质量的保证。根据不同品种和田间长势，一般认为留叶数以 10—22 片 / 株最佳，随着烟叶结构的调整，工业要求适当减少留叶数，以提高烟叶质量及可用性，目前我省一般留叶为 15—18 片 / 株。留叶数多则提前成熟，留叶数少则推迟成熟。

其他因素：土壤肥力条件对烟叶成熟也有较大影响，一般土壤质地黏重、肥力高易导致烟叶成熟慢，而土壤沙性重、肥力偏低则易导致成熟加快。不同部位的烟叶成熟速度不同，一般下部叶因通风透光不良，干物质积累少而导致其耐熟性较差、成熟快，而上部叶因光照强，导致干物质积累含量高，组织结构粗糙，而耐熟性好、成熟慢。

二、烟叶成熟度的划分

烟叶从萌芽开始至生命终结，经历了幼叶生长、旺盛生长、生理成熟、工艺成熟及过熟共 5 个时期，其生命活动从幼叶生长开始到逐渐旺盛再到生理成熟后的逐渐衰老，干物质也从逐渐积累到逐渐分解消耗，直至生命结束。

烟叶旺盛生长结束后，开始进入成熟阶段（包括生理成熟），该阶段因叶内的各种生理生化变化，导致化学成分及物理性状也发生变化，因而其颜色及外观形态也随之发生变化。整个成熟阶段也可划分为不同时期，不同时期具有不同的外观特征及生理生化特性。

1. 未熟（immaturity）：烟叶还处于旺盛生长期阶段，尚未进入成熟时期，其叶内含物欠充实，叶绿素含量高，含水多且保水能力强，化学成分不协调，田间表现为绿色烟叶，烤后烟叶组织结构紧密，青烟居多。

2. 尚熟（primary ripeness）：烟叶进入了生理成熟期，内含物充实，蛋白质和淀粉积累达到高峰，产量最高但内在化学成分不太协调。田间表现出烟叶开始落黄状态，但落黄程度不够，含水量和保水力依然偏强，烤后烟叶颜色以淡黄、柠檬黄居多，组织较紧密、油分较少，易出现青筋、青基、青背和浮青现象。

3. 成熟（ripeness）：烟叶进入了工艺成熟期，叶绿素含量大幅下降，蛋白质和淀粉含量也开始逐渐下降，但内含物仍较为充实且化学成分进入了协调状态。田间叶片落黄达到部位成熟要求，上部叶或较厚叶片的叶面有成熟斑等成熟特征。这种烟叶在烘烤时易烤性和耐烤性均较好，脱水和变黄都属正常现象。烤后烟叶以金黄、橘黄色居多，组织结构疏松、油分充足、上等烟多、均价高。

4. 完熟（fully maturity）：一般指营养充实且发育充分的上部叶片在工艺成熟后继续进行内部生理转化的烟叶。这类烟叶虽内含物减少较多，但化学成分协调、内在品质好；田间叶片外观有较多成熟斑，并有枯尖焦边或烂尖现象。烤后烟叶虽单叶重略轻、叶色略偏深，但香气足、使用价值较高。

5. 过熟（overripeness）：指明显衰老枯黄、内含物过度消耗的叶片。这类烟叶外观上由黄变白，或呈现枯焦状、腐烂，叶片变薄状态；烤后烟叶重量轻、光泽暗、油分少、弹性差，容易烤出糟片（核桃叶）。

6. 假熟（false ripeness）：指因受气候（干旱、水涝等）、栽培（如施肥不足）等因素的影响而导致的生长发育不良的烟叶。这类烟叶因生长发育不够、干物质积累不足、自身养分消耗过大、成熟过程受阻等致使烟叶呈现黄化。烤后烟叶单叶重轻、色淡、油分不足、质量差。

三、烟叶成熟度的判断

前面已说过，烟叶成熟的判断方法较多，有外观特征判断法、比色卡判断法、叶龄判断法等，但从生产实际看，当前我省还是以外观特征判断法为主，主要根据烟叶颜色变化（变黄）情况、叶脉变白情况、茸毛脱落情况、茎叶角度变化情况等进行判断。不同部位的烟叶因生长环境不同，导致烟叶素质不同，因此其成熟特征表现也不同。

地理位置、地势、温度、光照、雨水、土壤等生态条件，决定了烟叶生产产量与烤后烟叶质量，包括烟叶的风格特色，即我们常说的"生态决定特色"，贵州烤烟种植区域广，生态条件差别较大，从而导致烟叶风格特色各异，但从香型角度划分，贵州烟区烟叶主要分为两种香型，即清甜香和蜜甜香。一般情况下，高海拔烟区的烟叶清甜香型风格突出，中低海拔烟区的烟叶蜜甜香型风格明显。根据前述不同生态区烟叶的成熟过程、烘烤过程生理生化变化情况及不同成熟度烤后烟叶质量情况，我们总结了清甜香型烟区和蜜甜香型烟区烟叶成熟采收的标准，以供参考。

不同部位烟叶成熟特征具体如下：

1. 下部叶（lower Leaf）：下部叶生长于荫蔽、通风透光的条件下，其干物质积累少、不耐成熟。因此其成熟特征是烟叶呈黄绿色（绿多黄少），综合变黄程度为 20%—30%，即绿色稍有减退为宜，主、侧脉 1/3 左右变白，茸毛部分脱落，叶尖下垂，叶片向下自然弯曲。其中以威宁彝族回族苗族自治县、黔西南布依族苗族自治州为代表的高海拔清甜香型烟区烟叶综合变黄程度为 20% 左右，以贵阳市、黔东南苗族侗族自治州、黔南布依族苗族自治州为代表的中、低海拔蜜甜香型烟区烟叶综合变黄程度为 30% 左右。

2. 中部叶（central Leaf）：中部叶处于通风透光条件较好的生长环境条件，成熟特征较为明显，具有一定的耐熟性。因此，其成熟度的特征为烟叶绿少黄多，综合变黄程度为 60%—70%；叶面稍皱缩，较厚叶片的叶面出现少量成熟斑，主脉 2/3 左右变白，侧脉 1/2—2/3 变白，茸毛部分脱落，叶耳呈黄绿色，叶尖、叶缘落黄明显，叶片下垂、叶尖下卷。其中高海拔清甜香型烟区烟叶综合变黄程度约为 60%，中、低海拔蜜甜香型烟区烟叶综合变黄程度约为 70%。

3. 上部叶（upper Leaf）：上部叶处于光照强、温度高、湿度小的生长环境下，且因顶端优势而导致干物质积累多、结构紧密。因此成熟度特征为烟叶充分落黄，叶色主要呈黄色，综合变黄程度为 70%—80%；主、侧脉 2/3 全白发亮，叶面稍有皱褶并有成熟斑或有赤腥病斑（俗称"老年班"），茸毛部分脱落，叶耳变黄，茎叶角度呈 90 度左右，田间叶色表现为黄灿灿、亮堂堂。其中高海拔清甜香型烟区烟叶综合变黄程度约为 70%；中、低海拔蜜甜香型烟区烟叶综合变黄程度约为 80%。

上述特征为烤烟正常生长状态下烟叶成熟的判断方法，但生产过程中常常会因特殊气候条件或栽培不当而增加烟叶成熟判断难度，这时应根据具体原因进行调整。如成熟期雨水过多，则应适当提前采收下部叶，以增加田间通风透光时间，保证中、上部叶的正常生长和成熟。若成熟期遇干旱，则应根据天气情况具体判断，如可能有雨水，则宜等到烟叶遇雨返青生长后重新成熟再采收；若无雨水，则下部叶可适当提前采收，并配套适宜烘烤保湿技术以保证烟叶尽可能在烘烤时正常变黄，减少青烟产生的概率，同时也可尽量减少与中部叶、上部叶的争水现象，而中部叶、上部叶则应适当养熟后再采收，以保证内在化学成分的协调性。若因栽培不当如施肥较少或因雨水偏多导致烟叶营养不良从而早衰，则下部叶也应提早采收，减少与中部叶、上部叶的争水争肥现象。若施肥量过多导致贪青晚熟，则因适当晚采，尽可能保证烟叶成熟，并调整烘烤技术以减少青烟或烤黑的现象。

第二节　烟叶采收技术

一、烟叶采收原则

烟叶采收（tobacco harvesting）应坚持"生不采、熟不漏"的原则。下部叶适时早采、中部叶适熟采、上部叶充分成熟采，确保采收的烟叶成熟度整齐一致。烟叶采收原则提倡上部叶4—6片充分成熟后一次性采（烤）收。

烟叶采收后应及时运输至烘烤工场或烤房，以便及时绑烟上炕，尽量避免曝晒、挤压，以确保鲜烟质量。

对于成熟相对较慢、耐熟性相对较好的品种如红花大金元、K326烟叶、云烟105等品种的烤烟可适当推迟采收，而耐熟性一般的品种如云烟87、云烟116等烤烟可按成熟标准采收。

1. 采收时间

一般认为，从提高单叶重角度出发，烟叶宜下午采，因为此时通过白天的光合作用积累的干物质较多；而从兼顾烟叶含水量、采收操作、易于成熟判断的角度出发，建议在上午露水干后十点左右开采。由于当前我省乃至全国均采用大型密集烤房进行烘烤，其特点是装烟量大，因此采收时间宜稍提前至早上，这样尽可能保证当天采收、当天绑烟、当天上炕，同时也不影响对烟叶成熟度的判断。当然，采收时间可根据天气情况灵活调整，旱天可以略早带露水采烟，有利于烘烤保湿变黄；雨水较多的天气宜适当晚采，等到露水干后再采，以减少烘烤排湿负担。

2. 采收数量

贵州烟区推行中下部叶每次每株采收3片左右，分4次采收，上部叶5片左右待其充分成熟后一次性采（砍）收，即采用"345"采收方式，适当增加每次每株烟叶采收数量，将采收次数控制在5次左右。

值得一提的是上部叶5片左右待其充分成熟后一次性采（砍）收是当前生产上提倡的收获方法，它既有利于上部叶充分养熟，也有利于上部叶养分的平衡。同时带茎砍烤更有利于利用上部叶水分含量较少的特点，让茎秆水分补充烘烤时烟叶水分不足的缺点，从而提高烟叶质量。但上部叶是一次性采烤还是一次性砍烤，应根据天气情况和交通条件灵活把握。若雨水偏少、烟叶含水量偏少或交通便利，则建议多次砍烤；若雨水偏多、烟叶含水量偏多或交通不便，则建议一次性采烤，因为采烤烟叶不需要茎秆多余的水分，而且带茎砍烤还增加了运输量、烘烤耗煤量与烘烤时间。

二、烟叶采收技术

当前我省烟叶采收主要还是人工采收，即采收者行走在两行烟株间，可一次采两行，并将采下的烟叶集中放于行头，待采收结束（或采收一定量）后再集中装运；采收具体方法为用食指和中指托着叶柄基部，拇指放在柄上，向下一压，此时随着叶柄基部发出清脆的断裂声，烟叶便采下了；当然采收时以不破坏烟叶为原则，具体操作因人而异。上部叶 5 片左右待其充分成熟后带茎砍收，一般在低叶位下面 3—4 cm 处用刀砍收，烟茎不宜留太长，以免编烟上炕操作不方便。最好选择在晴天上午进行，砍收的烟株先悬挂在烟株茎秆上或轻放在垄上，待稍稍发软后再进行收拢和运输，整个过程要尽可能避免损伤烟叶或造成烟叶脱落。

采（砍）收后的烟叶应及时运送至烘烤工场（烤房群），以保证当天采烟、当天绑杆（或夹烟）、当天装炕、当天开烤。

三、采收注意事项

1. 采收前应及时去除烟株下部脚叶 3—4 片和上部顶叶 1—2 片，留叶以16—18 片 / 株为宜，以提高可采叶的可用性。

2. 采收时应把握烟叶成熟及成熟的基本特征，成熟度差异过大会导致装炕的不均匀性。

3. 采收时应避免叶片损伤、日晒，做到轻采轻放、轻装卸、遮阴堆放，以减少烤后烟叶的杂色或残伤。

4. 田间采收结束后，应及时拔除烟杆，将地面烟株残体清除出烟田并集中处理，可减少病虫害的传播。

第三章　贵州烟叶烤前整理

第一节　烟叶绑烟

绑烟是烤烟烘烤前的一项重要的准备工作，绑烟质量在很大程度上会影响烤后烟叶的整体质量，也会影响对烟叶烘烤进程的判断。

传统意义上的绑烟是将成熟采收后的烟叶按一定的间距一束一束（也称扣）地将烟叶捆绑在烟杆上，称烟杆绑烟。随着绑烟技术的发展，绑烟所含括的内容也在不断扩大，如包括烟夹绑（夹）烟，即采用烟夹固定烟叶和散叶装烟，即直接将烟叶堆集在烤房中，同时也可利用插扦固定烟叶，或使用烟筐固定烟叶。

一、绑烟要求

1.绑烟地点：一般选择在烤房附近干净的地面上操作，随着现代烟草农业的发展，烤房群或烘烤工厂都要求烤房群组间有遮雨棚，其下便是绑烟的最佳场所。

2.绑烟前准备：不同绑烟方法，所需要准备的工具各不相同。烟杆绑烟主要准备烟杆、绑烟绳、扦（加扦式绑烟用）、凳子等；烟夹绑（夹）烟主要准备烟夹（或带夹烟台的烟夹装置）；散叶装烟需准备分风隔板（隔板长133.5 cm、宽40 cm）、金属插扦（长40 cm的8号铁丝，将其制成7字形，插扦长度 35 cm）、烟筐等。

3. 烟叶分类：虽然我们强调烟叶采收时应采成熟且成熟度一致的烟叶，但受田间生长整齐度、采收叶片数量（叶位）尤其是采收者判断差异等因素的影响，所采烟叶不可能完全一致，因此绑烟前最好对采收的烟叶根据部位、成熟度、大小进行分类，并将病虫危害叶分开，以便于保证烟叶同质同杆（夹）或同层（散叶装烟）。

4. 当天采收的烟叶要求当天绑烟、当天上炕。

二、绑烟方法

1. 烟杆绑烟：绑烟方法一般分死扣（猴吊颈）、活扣（活络套）及加扦式法。这是当前我省采用的几种绑烟方式，其中以活扣绑烟法为主，部分烟区也有加扦式绑烟法。这两种方法绑烟与下烟操作速率快，但要绑紧，以防止烘烤中掉烟。

150 cm 的标准杆一般绑烟 50—60 扣，两头留 5—6 cm 用于挂竿。叶大、含水量高的烟叶或下部叶适当减少扣数，而含水量少、叶小的烟叶或上部叶可适当增加扣数；每扣大叶 2 片一扣，小叶 3 片一扣，最好不超过 4 片，绑烟过稀易造成排湿过快而烤青，过密则易导致排湿困难而造成叶片褐变或烫烤甚至烤黑；一般每杆绑烟量在 10 kg 左右，最少 8 kg，最多 12 kg，绑烟时扣距均匀，一般为 2.3—2.8 cm；扣中叶片背对背绑最好，以减少因烘烤时叶内卷而导致的排湿困难。

2. 烟夹绑烟：多采用单边钢针梳式烟夹，是我省当前建议推广的一种绑（夹）烟方式。通常烟夹净长 133—138 cm，宽 8—11.5 cm（以 9—10 cm 为好）。烟夹绑（夹）烟应注意以下几点：

（1）夹烟量适当：一般夹烟量为设计夹烟量的 80%—85% 为宜，每夹夹烟 10—15 kg，夹烟过少会因叶间空隙大，造成排湿过快，青黄烟增多；夹烟过多会因叶间密通风困难、风速下降而易蒸片、烤糟。

（2）夹烟要均匀：夹烟不均匀易使夹间、叶间风速不一致，易导致排湿不均而造成烟叶变黄、定色和干燥时间与速度不一致，从而影响烘烤质量。

（3）夹烟要做到"齐、散、乱"："齐"即烟叶铺放时叶柄头要整齐，防止掉烟；"散"即将叶柄对齐后将叶片扒散，防止稀密不均；"乱"即在散的基础上将烟叶扒乱，达到柄齐叶乱、通风均匀的效果。

3. 散叶装烟：散叶装烟基本上省去了绑烟环节，不再采用绑烟的方式，而是以 35 片一抱直接装入烤房，或是将烟叶装入烟筐中再放入烤房。

第二节　烟叶装烟

装烟亦称上炕或装炉，是将绑好的杆烟按成熟度差异挂在烤房各层的烟架上。烟叶绑好后应及时装入烤房，尽量保证同炕烟叶当天采收、当天绑烟、当天上炕。

一、杆夹装烟

杆夹装烟是指采用烟杆绑烟和烟夹夹烟将烟绑好后装入烤房的一种方式。装烟应注意以下几点：

1. 分类装烟：一般应尽量保证同品种、同部位、同素质的烟叶同炕烘烤。对于不同烤层装烟而言，一般成熟度高的装烟（上炕）主要注意把握好烟叶成熟度和稀密程度。一般成熟度稍高的烟叶（杆）装在烤房温度较高层（区域），成熟度较低的装在温度较低层（区域）。如气流上升式密集烤房，成熟度稍高的装上层，成熟度低的装下层，同时可根据烤房同层温度的高低进行装烟调整。

2. 装烟密度：烤房内不同层间的装烟密度应适宜，密度过大易导致通风排湿不畅，烤后烟叶色泽偏深或烤棕烤黑，密度过小则排湿过快，易导致变黄甚至烤青。装烟密度应根据烟叶部位、大小、含水量及烘烤时具体天气进行调整，部位越高、叶片越小、叶片含水量越少则装烟密度应该越大，如果天气干燥，密度还可适当增加，若是阴雨天气则密度可适当减小。我省不同烟区当前密集烤房（装烟三层）装烟量一般为 3500—4500 kg，按 10—12 kg/ 杆（10—15 kg/ 夹）计，通常长 8m、宽 2.7m 的装烟室装烟杆数为 320—400 杆（320—360 夹），平均杆距在 12—15 cm（夹间距 3—5 cm）。

3. 层间调整：以气流上升式密集烤房为例，其上层装烟密度大些、下层装烟密度小些，有利于烤房温度上升和减少层间温差，而气流下降式密集烤房则相反。另外，当同层温度不均匀时，温度高的区域烤烟可以装密些、温度低的区域烤烟可以装稀些，这也有利于烤房同层温度的均匀性，从而提高整炕烟叶的烘烤质量。

4. 装烟匀而满：除温度不均匀区域外，烤房装烟时应注意同层装烟要均匀，才能保证烤房中的温度和风速的均匀，从而提高烟叶烘烤质量；烤房装烟要装满，否则空余空间因无遮挡而导致风速、温度上升过快，同时也导致烤房内气流流动混乱，造成的结果一是浪费热量，二是降低烟叶烘烤质量。

5. 便于观察：一般在观察窗附近挂上具有代表性的杆烟，以便于对烟叶的变化情况进行观察，从而根据烟叶变化的实时状况推进烘烤进程。

二、散叶装烟

散叶装烟方式曾经是贵州除绑杆装烟外的另一种主要装烟方式。其中又包括散叶堆集、散叶插扦和散叶烟筐装烟。

1. 散叶堆积装烟：先采用 2 cm 的木条或竹条，按 2 cm 间隔制成 133.5 cm×40 cm 的分风格板，平铺在烤房烟架上；然后将分类后的烟叶按 40 片左右一抱以叶尖朝上、叶基朝下的方式一抱一抱地堆积在分风板上，顺序为由上到下、由内向外，装烟量约为 5000 kg/ 间，装烟密度约 77 kg/m²。需要注意的是：装烟前，应先将每抱烟叶轻轻抖散，然后叶基对齐依次装烟，以有利于烘烤过程中通风排湿；烟叶要堆紧，以减少烘烤过程中烟叶失水萎蔫后的倒伏现象。

2. 散叶插扦装烟：在制分风板的基础上，制作长 800 cm、宽 2 cm、厚 5 cm 的方杆并将其固定在烤房的两侧固定槽中，然后再制作长 270 cm、宽 2 cm、每隔 10—13 cm 钻有插扦孔的插扦方杆。装烟时先在烤房左右分别放置一块分风隔板，再将插扦方杆横向固定于烤房两侧固定方杆的卡槽中，再按散叶堆积方法进行装烟，装好后，从插扦孔插入固定烟叶，再重复操作直至装满整个烤房。这种装烟方式是在散叶堆积装烟方式上发展而来的，主要是增加了插扦环节，对固定烟叶以减轻其在烘烤过程中的倒伏现象，以及提高排湿效果有较好的作用，从而提高烟叶烘烤质量。

3. 散叶烟筐装烟：在散叶插扦基础上进一步改进而来，筐的长宽根据不同的地方来定，有大到 1300 cm×40 cm×60 cm 的，也有小到 38 cm×38 cm×60 cm 的，一般来说，筐小装烟的重量也小，装烟、下烟也相对较方便，且固定效果更好些。这种方法是先将分类烟叶轻轻抖散后装进烟筐中（注意装紧），再放入烤房并插扦（7 形扦或 U 形扦）直至装满。装烟量与散叶堆积装法相同或略多些，一般控制在 5000—5500 kg/ 间。

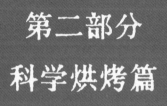

第二部分

科学烘烤篇

第一章　烟叶烘烤过程中的生理生化变化

第一节　密集烘烤过程中烟叶的生理生化变化分析

烟叶烘烤生理生化变化的实质是在适宜的温湿度条件下，使烟叶产生一系列的生理生化反应，将田间鲜烟叶进一步优化，形成人们所需的优质烤后烟叶。而在烟叶烘烤过程中，一般通过观察外观颜色的变化和叶片干燥程度来判定烘烤进程，在不同烘烤进程中，水分变化差异较大，掌握水分变化和外观形状变化的一般规律，对准确、科学烘烤来说尤为重要。

1. 密集烘烤过程中烟叶水分变化分析

常言说"无水不变黄，无水不坏烟"，表明烟叶水分对烤好烟叶至关重要。不同烘烤方式、不同烘烤阶段烟叶含水量和失水量均有所不同；在固有鲜烟叶的基础上，掌握烘烤过程中水分变化规律，可在一定程度上改进烟叶的烘烤质量。

（1）不同烘烤阶段水分变化规律

鲜烟叶的含水量主要与不同生态条件、品种、年度气候条件以及烟叶的部位相关，但在烘烤过程中，烟叶水分的变化情况具有一定规律可循，掌握其变黄期、定色期、干筋期等各阶段水分的变化规律，有助于判定烟叶变黄、定色、干筋程度和烘烤进度，进一步调整烘烤工艺，提高烤后烟叶质量。

研究表明（见图 2-1-1），在烘烤过程中，变黄前中期（烘烤 0—48h），在烘烤温度较低的条件下，烟叶水分的损失相对较小，损失率为9.2%；变黄后期（烘烤48—72h），随着烘烤温度逐渐升高，烟叶水分的损失率不断提高，损失率达27.8%；进入定色阶段以后，随着烘烤温度升高，排湿量加大，烟叶水分损失率逐渐加大，至烟叶基本干燥阶段（124—144h），烟叶水分损失率达85%以上。

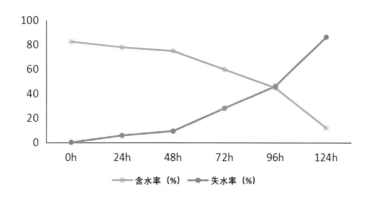

图 2-1-1　烤烟烘烤过程中烟叶含水率与失水率的变化

（2）不同烘烤方式水分变化规律

烤烟的密集烘烤排湿主要以热风循环、强制通风为基础，因此，烘烤过程中烟叶的水分变化与固有的通风排湿设备（循环风机）的功能大小，以及密集烤房的装烟容量、装烟方式有密切关系。在容量、通风排湿设备相同情况下，采用不同装烟方式，由于装烟密度不同，烟叶在烘烤过程中的排湿干燥速度会有明显差别。掌握烘烤过程中不同装烟方式的烟叶水分变化规律，对科学设定烘烤工艺有明显的指导意义。

研究表明（见图2-1-2），挂杆烘烤与散叶烘烤在变黄前中期时（烘烤0—48h）烘烤温度较低，烟叶的含水率均逐渐降低，降低幅度为10%—15%，但挂杆烘烤的烟叶含水率明显低于散叶烘烤的烟叶含水率。

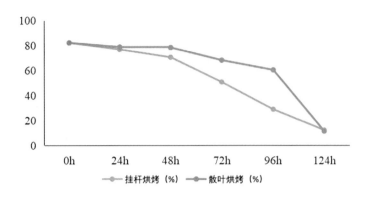

图 2-1-2 不同烘烤方式烤烟烘烤过程中烟叶含水率的变化

　　研究表明（见图 2-1-3），进入变黄后期之后（烘烤 48h 以后），随着烘烤温度的提高和排湿的开始，烟叶的失水速度明显加快。其中，同一阶段挂杆烘烤的烟叶含水率明显低于散叶烘烤的烟叶；烘烤 72h 后，挂竿烘烤的烟叶失水率可达 38.4%，而同期散叶烘烤的烟叶水分损失率仅为 17.1%；烘烤 96h 后，挂杆烘烤的烟叶失水率可达 65.0%，叶片基本干燥，而同期散叶烘烤的烟叶水分损失率仅为 26.6%，叶片明显未达到干燥程度。因此，采用散叶烘烤，需要适当延长烘烤过程中的变黄和定色时间。挂杆烘烤相对于散叶烘烤而言，应适当缩短变黄和定色时间，避免烟叶过度变黄、定色不及时而造成烟叶烤坏。

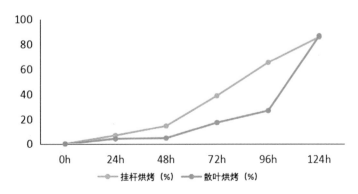

图 2-1-3 不同烘烤方式烤烟烘烤过程中烟叶失水率的变化

（3）不同部位不同成熟度烟叶水分变化规律

不同部位、不同成熟度鲜烟叶的含水量有差异，在烘烤过程中的失水率也有差异。测算烘烤失水量和排水率，可通过采用除湿热泵加热烤房，回收烤房内排湿过程中的除湿水分，测算烘烤各阶段烟叶失水量及排湿率。同时，为了避免实际烘烤中出现排湿不畅导致烟叶烘烤损失，在除湿热泵加热烤房中增设辅助排湿窗，以便在定色阶段当温度较高时自动打开加速排湿。

表 2-1-1　密集烘烤不同部位烟叶烘烤过程中的排湿（失水）变化

烘烤过程	烘烤时间	下部叶		中部叶		上部叶		平均	
		失水量（kg）	失水速度（kg/h）	失水量（kg）	失水速度（kg/h）	失水量（kg）	失水速度（kg/h）	失水量（kg）	失水速度（kg/h）
变黄阶段	12h	20	1.7	24	2.0	18	1.5	21	1.7
	24h	125	8.8	146	10.2	87	5.8	119	8.2
	36h	244	9.9	276	10.8	182	7.9	234	9.6
	48h	372	10.7	451	14.6	348	13.8	390	13.0
	60h	572	16.7	751	25.0	563	17.9	629	19.9
定色阶段	72h	914	28.5	1102	29.3	916	29.4	977	29.0
	84h	1281	30.6	1551	37.4	1349	36.1	1394	34.7
	96h	1645	30.3	1837	23.8	1655	25.5	1712	26.6
	108h	1985	28.3	2054	18.1	1894	19.9	1978	22.1
干筋阶段	120h	2195	17.5	2233	14.9	2027	11.1	2152	14.5
	132h	2355	13.3	2403	14.2	2076	4.1	2278	10.5
	144h	2389	2.8	2424	1.8	2077	0.1	2297	1.6

注：表中 60—70h 之间为变黄后期至定色初期的少量排湿过渡阶段，无准确的临界时间，定色后期与干筋初期相同。

研究表明（见表2-1-1），下、中、上三个部位烟叶烘烤的总体排湿量分别为2389 kg/炕、2424 kg/炕、2077.1 kg/炕，下部烟叶和中部烟叶的排湿量明显大于上部烟叶。

而不同烘烤阶段的排湿量（平均结果），变黄阶段（烘烤0—72h）总失水量为629 kg，平均失水速度为10.5 kg/h。其中，变黄初期（烘烤0—24h），失水量为119 kg，平均失水速度为5.0 kg/h；变黄中期（烘烤24—48h），失水量为271 kg，平均失水速度为11.3 kg/h；变黄后期（烘烤48—72h），失水量为587 kg，平均失水速度为24.5 kg/h。以上表明，变黄阶段随着烘烤时间的增加和烘烤温度的提高，烤房内烟叶水分的排出速度明显提高。

定色阶段（烘烤72—108h），总失水量为1001 kg，平均失水速度为27.8 kg/h。其中，定色前期（烘烤72—84h）、定色中期（烘烤84—96h）和定色后期（烘烤96—108h）失水速度分别为34.8 kg/h、26.5 kg/h和22.2 kg/h。这些数据表明，定色阶段初期至中期排湿量较大、排湿速度较高，定色后期排湿量和排湿速度逐渐减小，这也是烟叶烘烤定色初期升温排湿掌握比定色后期更难的原因之一。

干筋阶段（烘烤108—144h），总失水量为319 kg，平均失水速度为8.9 kg/h。其中，干筋前期（烘烤108—120h）、干筋中期（烘烤120—132h）和干筋后期（烘烤132—144h）失水速度分别为14.5 kg/h、10.5k g/h和1.6 kg/h。这些数据表明，干筋阶段的烟叶烘烤在完成定色以后，烤房内烟叶水分大大减少，排湿量和排湿速度明显小于定色阶段和变黄阶段。

因此，不同部位的烟叶在烘烤过程中，各烘烤阶段烟叶失水量与失水速度变化趋势基本一致，定色初期至定色中期失水量最大、失水速度最快，从烤房排出水分的来看，最大失水速度为30.6—37.4 kg/h，平均最大失水速度为34.7 kg/h。比较而言，下部烟叶和中部烟叶由于含水量相对较高，相同阶段的失水量与失水速度要高于上部烟叶。

研究表明（见图2-1-4、图2-1-5、图2-1-6、图2-1-7）：烟叶部位越高，含水量越低，而在一定成熟范围内，烟叶成熟度越高，含水量也越低；在烘烤过程中，烟叶含水量变化规律表现为变黄前期至中期下降速率较慢，进入变黄后期，水分下降速率加快，至定色中期，下降速度又逐渐变慢，到定色结束，烟叶含水量约为 20% 左右，烟叶含水量的这种变化规律主要受烟叶烘烤技术的影响。不同生态区烟叶烘烤过程中水分变化规律是基本相似的，但变黄期威宁烟区的烟叶含水量下降速度更慢，变黄时间更长，这与清甜香型烟区（威宁）烟叶成熟度略低于蜜甜香型烟区（镇远、大方、瓮安）有关，也与 SPAD 值的变化规律有关。

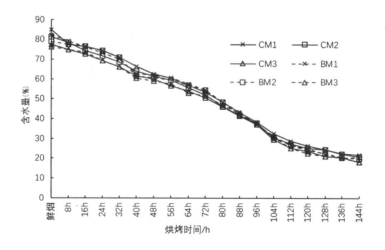

图 2-1-4　烘烤过程中不同成熟度烟叶失水率的变化（威宁，云烟 116）

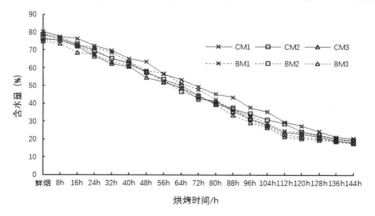

图 2-1-5　烘烤过程中不同成熟度烟叶含水量的变化（大方，云烟 116）

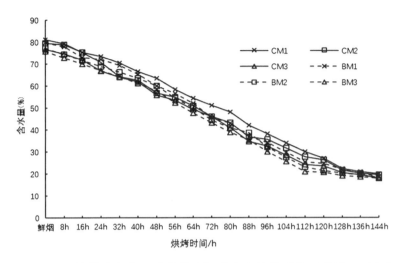

图 2-1-6　烘烤过程中不同成熟度烟叶含水量的变化（镇远，云烟）

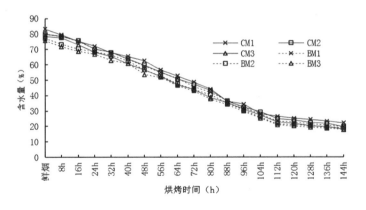

图 2-1-7　烘烤过程中不同成熟度烟叶含水量的变化（瓮安，云烟）

2.密集烘烤过程中烟叶叶片形态变化

在烟叶烘烤过程中，随着烘烤时间的增加，烘烤温度的提高，烟叶逐渐失水直至干燥，烟叶组织细胞收缩，导致烟叶发生形态变化，叶长、叶宽和叶面积逐渐减小。掌握烟叶叶片形态变化规律，对判定失水量，调整烘烤进程，烤好烟叶有积极作用。

（1）叶长变化

研究表明（见图 2-1-8），烘烤过程中随着烟叶失水直至干燥，烟叶叶长将出现明显的收缩，主要发生在烘烤定色阶段和干筋阶段。其中，变黄阶段（烘烤 72h 后），烟叶叶长的收缩率不大，平均为 4.74%，烘烤 96h 后，叶长收缩率平均达 9.87%，至烟叶干燥，烟叶叶长收缩率平均可达 15.42%。

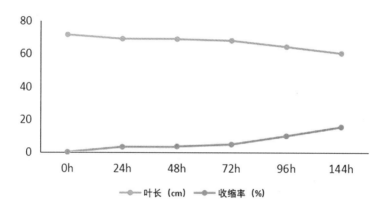

图 2-1-8　烤烟烘烤过程中烟叶叶长的变化

（2）叶宽变化

研究表明（见图 2-1-9），烘烤过程中随着烟叶失水直至干燥，烟叶叶宽将出现明显的收缩，主要发生在变黄后期至干筋阶段，烘烤各阶段叶宽的收缩率明显大于叶长的收缩率。其中，变黄阶段（烘烤 72h 后），叶宽的收缩率平均为 8.26%；烘烤 96h 后，叶宽收缩率平均为 17.09%，至烟叶干燥，烟叶叶宽收缩率平均可达 20.31%。

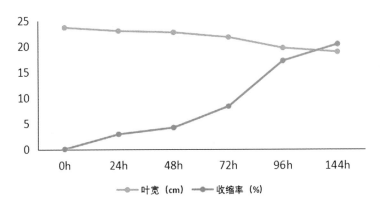

图 2-1-9　烤烟烘烤过程烟叶叶宽的变化

（3）叶面积变化

　　研究表明（见图 2-1-10），烘烤过程中随着烟叶失水直至干燥，烟叶叶长和叶宽发生明显收缩现象，烟叶面积也明显收缩变小，且主要发生在变黄后期至干筋阶段。变黄阶段（烘烤 72h 后），烟叶叶面积的收缩率平均为 12.60%；烘烤 96h 后，烟叶叶面积收缩率平均为 25.25%，至烟叶干燥，烟叶叶面积收缩率平均可达 32.55%。

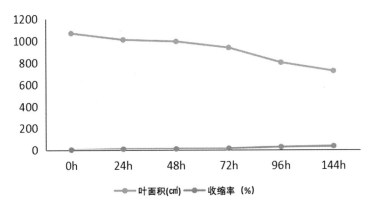

图 2-1-10　烤烟烘烤过程中烟叶面积的变化

3. 密集烘烤过程中烟叶电导率变化

电导率即通过数字表示溶液传导电流的能力（电极常数为1，DJS—IC，K=0.813），是衡量细胞膜透性的重要指标，其数值越大，表示电解质的渗漏量越多，细胞膜受害程度越重；同时，细胞膜透性的大小可间接用组织相对电导率来表示，组织相对电导率越高，说明细胞膜完整性遭到破坏的程度就越大。掌握烘烤过程中烟叶电导率变化规律，有利于科学设定烘烤工艺，从而提高烤后烟叶质量、降低烘烤损失。

研究表明（见图2-1-11），烘烤变黄前中期（烘烤0—48h），烤房内烟叶烘烤处于相对密封状态，烟叶的导电率和相对导电率变化不大，此时烘烤温度较低、烟叶水分含量相对饱和、失水较少；变黄后期（烘烤48—72h），随着温度升高，烟叶的导电率和相对导电率逐渐加大，此时逐渐开始排湿，烟叶失水量加大；定色阶段前中期（烘烤72—96h），烟叶的导电率和相对导电率高，且温度愈高导电率和相对导电率愈高。结果表明，在烟叶排湿定色过程中，烟叶的导电率和相对导电率明显较高，温湿度异常变化容易使烟叶"失水失活"，造成衰老死亡，导致烟叶烤坏。

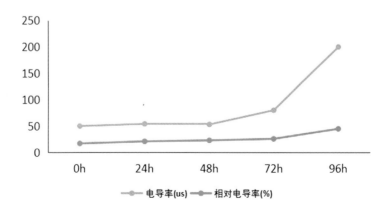

图 2-1-11　烤烟烘烤过程中烟叶的导电率变化

4. 密集烘烤过程中烟叶质体色素分析

烟叶质体色素存在于烟叶植物细胞中细胞器的质体中（其中的叶绿体和有色体），包括叶绿素、叶黄素、类胡萝卜素等，是烟草生长过程中光合作用的重要物质，是影响烟叶品质和可用性的主要成分之一，其含量和性质不仅直接影响烟叶的外观质量，而且还直接和间接地影响烟叶的内在品质。烟叶质体色素及其降解物对烤后烟叶香气的形成有重要影响。

（1）叶绿素

叶绿素是烟草进行光合作用的重要色素，是制造有机物质的必须色素，也是烟草主要色素中含量最高的色素。在烤烟叶片的生长成熟过程中，从旺盛生长、叶片生长定形、成熟至逐渐衰老的变化过程中，其外观呈色表现为由绿色逐渐变为黄色。烟叶颜色的变化实质上是叶绿素含量变化的直观反映，在成熟和烘烤过程中叶绿素含量骤然减少。

表 2-1-2　不同品种烟叶烘烤过程中叶绿素含量的变化（mg/g，2013）

品种	0h	24h	48h	72h	96h
K326	0.745 ± 0.098	0.547 ± 0.062	0.351 ± 0.031	0.081 ± 0.008	0.077 ± 0.007
毕纳 1 号	1.047 ± 0.081	0.345 ± 0.086	0.166 ± 0.034	0.085 ± 0.014	0.082 ± 0.008
韭菜坪 2 号	0.796 ± 0.040	0.440 ± 0.054	0.406 ± 0.058	0.204 ± 0.120	0.042 ± 0.001
红花大金元	1.564 ± 0.248	1.696 ± 0.297	0.646 ± 0.232	0.151 ± 0.004	0.114 ± 0.028
贵烟 2 号	0.793 ± 0.223	0.505 ± 0.065	0.118 ± 0.025	0.115 ± 0.051	0.069 ± 0.006
南江 3 号	0.949 ± 0.111	0.812 ± 0.092	0.261 ± 0.129	0.098 ± 0.039	0.062 ± 0.009
平均	0.982 ± 0.307	0.724 ± 0.501	0.325 ± 0.191	0.122 ± 0.047	0.074 ± 0.024
平均降解率（%）	0	26.26	66.94	87.54	92.43

叶绿素的降解是在叶绿素酶的作用下，从其分子结构中的卟啉环和酯检断裂开始的。由表 2-1-2 可以看出，不同品种烟叶叶绿素含量不同，在 0.745 mg/g—1.564 mg/g 之间，平均含量为 0.982 mg/g。其中，红花大金元叶绿素含量较高，K326 叶绿素含量较低，其他品种叶绿素含量由高到低依次为毕纳 1 号、南江 3 号、韭菜坪 2 号、贵烟 2 号。不同品种烟叶烘烤过程中叶绿素含量呈大幅降解趋势。变黄中后期叶绿素含量的降解速度最快，变黄结束，叶绿素降解率平均达 87.54%。变黄结束后，品种间叶绿素降解率由高到低依次为毕纳 1 号、红花大金元、南江 3 号、K326、贵烟 2 号、韭菜坪 2 号。

参试品种中，红花大金元叶绿素含量最高，烘烤过程中的降解速度较快，但变黄期结束后叶绿素含量仍最高；毕纳 1 号叶绿素含量较高，烘烤过程中的降解速度较快，变黄期结束后叶绿素含量较低；K326 叶绿素含量最低，烘烤过程中的降解速度较快，变黄期结束后叶绿素含量最低；贵烟 2 号叶绿素含量较低，烘烤过程中的降解速度较慢，变黄期结束后叶绿素含量较高；韭菜坪 2 号叶绿素含量较低，烘烤过程中的降解速度较慢，变黄期结束后叶绿素含量最高；南江 3 号叶绿素含量、烘烤过程中的降解速度及变黄期结束后叶绿素含量均介于几个品种之间。说明烟叶叶绿素含量、降解速度与烟叶品种密切相关。

（2）叶绿素 a

叶绿素分叶绿素 a 和叶绿素 b 两种，一般鲜烟叶中叶绿素含量的变化范围为 0.5%—4.0%，其中叶绿素 a 约占 70%，叶绿素 b 约占 30%。

表 2-1-3　不同品种烟叶烘烤过程中叶绿素 a 含量的变化（mg/g，2013）

品种	0h	24h	48h	72h	96h
K326	0.511±0.083	0.363±0.043	0.244±0.028	0.036±0.006	0.027±0.003
毕纳 1 号	0.709±0.060	0.232±0.062	0.103±0.024	0.046±0.004	0.034±0.006
韭菜坪 2 号	0.532±0.026	0.286±0.033	0.285±0.042	0.136±0.091	0.019±0.001
红花大金元	1.036±0.175	1.147±0.203	0.435±0.161	0.084±0.017	0.049±0.016

续表

品种	0h	24h	48h	72h	96h
贵烟 2 号	0.531±0.149	0.349±0.042	0.072±0.017	0.077±0.035	0.026±0.003
南江 3 号	0.681±0.109	0.547±0.067	0.171±0.094	0.063±0.028	0.023±0.005
平均	0.667±0.200	0.487±0.340	0.218±0.133	0.074±0.036	0.030±0.011
平均降解率（mg/g）	0	17.99	74.36	90.55	96.55

不同品种烟叶叶绿素 a 含量在 0.511 mg/g—1.036 mg/g 之间，平均含量为 0.681 mg/g，占叶绿素含量的 69.35%。其中，红花大金元叶绿素 a 含量较高，K326 叶绿素 a 含量较低，其他品种由高到低依次为毕纳 1 号、南江 3 号、韭菜坪 2 号、贵烟 2 号。不同品种烟叶烘烤过程中叶绿素 a 含量呈大幅降解趋势。变黄中后期叶绿素 a 含量的降解速度最快，变黄结束后叶绿素 a 降解率平均达 90.55 mg/g。变黄结束后，品种间叶绿素 a 降解率由高到低依次为毕纳 1 号、K326、红花大金元、南江 3 号、贵烟 2 号、韭菜坪 2 号（见表 2-1-3）。不同品种烟叶的叶绿素 a 含量高低与叶绿素总体含量的变化趋势一致，而在烘烤过程中，不同品种叶绿素 a 的降解速度有明显差异，红花大金元、毕纳 1 号和 K326 叶绿素 a 含量的降解速度明显较快，贵烟 2 号和韭菜坪 2 号叶绿素 a 含量的降解速度相对较慢。

（3）叶绿素 b

表 2-1-4　不同品种烟叶烘烤过程中叶绿素 b 含量的变化（mg/g，2013）

品种	0h	24h	48h	72h	96h
K326	0.234±0.031	0.184±0.020	0.107±0.003	0.045±0.006	0.050±0.006
毕纳 1 号	0.338±0.022	0.113±0.024	0.063±0.009	0.039±0.010	0.048±0.002
韭菜坪 2 号	0.265±0.015	0.155±0.021	0.121±0.016	0.068±0.029	0.023±0.002

品种	0h	24h	48h	72h	96h
红花大金元	0.528±0.074	0.550±0.094	0.212±0.072	0.067±0.016	0.066±0.012
贵烟 2 号	0.262±0.074	0.155±0.024	0.046±0.008	0.038±0.016	0.043±0.004
南江 3 号	0.267±0.034	0.265±0.025	0.090±0.035	0.035±0.012	0.039±0.004
平均	0.316±0.110	0.237±0.161	0.107±0.059	0.049±0.015	0.045±0.014
平均降解率（mg/g）	0	7.90	20.95	26.73	27.12

不同品种烟叶叶绿素 b 含量在 0.234 mg/g—528 mg/g 之间，平均含量为 0.316 mg/g，占叶绿素含量的 30.65%。其中，红花大金元较高，K326 较低，其他品种由高到低依次为毕纳 1 号、南江 3 号、韭菜坪 2 号、贵烟 2 号。烘烤过程中叶绿素 b 含量呈降解趋势，其降解速度低于叶绿素 a，变黄中后期叶绿素 b 含量的降解速度相对较快；变黄结束后叶绿素 b 降解率平均为 26.73 mg/g。不同品种叶绿素 b 降解率由高到低依次为毕纳 1 号、红花大金元、南江 3 号、贵烟 2 号、K326、韭菜坪 2 号。研究表明（表 2-1-4）：不同品种烟叶叶绿素 b 含量的高低与叶绿素含量的趋势一致，而在烘烤过程中，不同品种叶绿素 b 的降解速度有明显差异，红花大金元和毕纳 1 号品种叶绿素 b 含量的降解速度明显较快，K326 和韭菜坪 2 号叶绿素 b 含量的降解速度相对较慢。

（4）叶绿素 a/b

叶绿素 a 和叶绿素 b 的比值可以区分该植物属于阴生植物还是阳生植物。阳生植物的叶绿素 a 与叶绿素 b 的含量均比阴生植物的高，阴生植物叶绿素 a/b 比值较小。由于叶绿素 b 对蓝紫光的吸收力大于叶绿素 a，所以阴生植物能很好地利用荫蔽条件下的漫射光从而获得生长优势，阳生植物则相反。

表 2-1-5　不同品种烟叶烘烤过程中叶绿素 a/b（2013）

品种	0h	24h	48h	72h	96h
K326	2.219±0.370	1.969±0.044	2.278±0.210	0.819±0.152	0.548±0.082
毕纳 1 号	2.094±0.041	1.987±0.207	1.591±0.160	1.300±0.276	0.701±0.093
韭菜坪 2 号	2.009±0.017	1.862±0.042	2.344±0.076	1.602±0.478	0.870±0.132
红花大金元	1.943±0.098	2.082±0.017	1.964±0.275	1.513±0.529	0.711±0.089
贵烟 2 号	2.032±0.038	2.273±0.087	1.556±0.228	1.931±0.198	0.612±0.052
南江 3 号	2.642±0.611	2.048±0.055	1.678±0.409	1.737±0.300	0.592±0.054
平均	2.157±0.255	2.037±0.138	1.902±0.348	1.484±0.389	0.672±0.116

不同品种烟叶叶绿素 a 含量明显高于叶绿素 b 含量，叶绿素 a/b 的比值平均为 2.157。在烘烤过程中，烟叶叶绿素 a/b 的比值呈下降趋势，表明叶绿素 a 含量的降解速度大于叶绿素 b 的降解速度。变黄结束后，烟叶叶绿素 a/b 的平均比值为 1.484。

（5）类胡萝卜素

烟草中的类胡萝卜素主要有叶黄素、β - 胡萝卜素。这些物质除了是主要颜色的色素（橙红至黄色）外，类胡萝卜素还是烟草许多挥发性香味成分的前体。

表 2-1-6　不同品种烟叶烘烤过程中类胡萝卜素含量的变化（mg/g，2013）

品种	0h	24h	48h	72h	96h
K326	0.190±0.019	0.215±0.015	0.213±0.039	0.124±0.021	0.082±0.015
毕纳 1 号	0.303±0.031	0.206±0.026	0.146±0.018	0.178±0.022	0.158±0.047
韭菜坪 2 号	0.240±0.006	0.208±0.005	0.244±0.005	0.200±0.041	0.139±0.008

续表

品种	0h	24h	48h	72h	96h
红花大金元	0.446±0.044	0.510±0.089	0.265±0.054	0.218±0.031	0.278±0.012
贵烟 2 号	0.236±0.053	0.224±0.005	0.122±0.004	0.159±0.045	0.157±0.044
南江 3 号	0.264±0.024	0.302±0.029	0.200±0.034	0.184±0.014	0.116±0.006
平均	0.280±0.089	0.278±0.119	0.198±0.055	0.177±0.033	0.155±0.067
平均降解率（%）	0	0.89	29.17	36.73	44.64

鲜烟叶中类胡萝卜素含量随采收成熟度的提高而降低。同时，研究表明（见表 2-1-6）：烘烤过程中，在叶绿素降解的同时，类胡萝卜素也会发生降解，而且呈持续降解趋势。变黄中期类胡萝卜素含量的降解速度相对最快，变黄结束后降解率平均达 36.73%。不同品种烟叶类胡萝卜素含量中，红花大金元较高，K326 较低，其他品种由高到低依次为毕纳 1 号、南江 3 号、韭菜坪 2 号、贵烟 2 号；变黄结束后，不同品种类胡萝卜素降解率由高到低依次为红花大金元、毕纳 1 号、K326、贵烟 2 号、南江 3 号、韭菜坪 2 号。

研究结果表明，参试品种中红花大金元类胡萝卜素含量最高，烘烤过程中的降解速度最快，但变黄期结束后其含量仍最高；毕纳 1 号类胡萝卜素含量较高，烘烤过程中的降解速度较快，变黄期结束后其含量较低；K326 类胡萝卜素含量最低，烘烤过程中的降解速度较快，变黄期结束后其含量最低；贵烟 2 号类胡萝卜素含量较低，烘烤过程中的降解速度较慢，变黄期结束后其含量较低；韭菜坪 2 号类胡萝卜素含量较低，烘烤过程中的降解速度较慢，变黄期结束后其含量较低；南江 3 号类胡萝卜素含量、烘烤过程中的降解速度及变黄期结束后类胡萝卜素含量均介于几个品种之间。

（6）叶绿素／类胡萝卜素

表 2-1-7　不同品种烟叶烘烤过程中叶绿素／类胡萝卜素（2013 年）

品种	0h	24h	48h	72h	96h
K326	3.914±0.348	2.523±0.119	1.725±0.212	0.716±0.185	0.995±0.177
毕纳1号	3.479±0.094	1.625±0.290	1.204±0.311	0.479±0.055	0.603±0.171
韭菜坪2号	3.317±0.102	2.115±0.244	1.662±0.222	0.930±0.453	0.303±0.019
红花大金元	3.460±0.216	3.333±0.147	2.261±0.435	0.720±0.097	0.405±0.084
贵烟2号	3.246±0.259	2.246±0.246	0.988±0.236	0.658±0.178	0.525±0.169
南江3号	3.626±0.490	2.683±0.085	1.178±0.397	0.515±0.176	0.535±0.050
平均	3.507±0.240	2.421±0.578	1.503±0.471	0.670±0.163	0.561±0.238

烟叶质体色素含量中，叶绿素含量明显高于类胡萝卜素含量，不同品种烟叶叶绿素／类胡萝卜素的平均比值为 3.507。在烘烤过程中，烟叶叶绿素／类胡萝卜素的比值呈下降趋势，表明叶绿素含量的降解速度大于类胡萝卜素的降解速度。变黄结束后烟叶叶绿素／类胡萝卜素的平均比值为 0.670。

（7）SPAD 值

SPAD 是日本农林水产省农产园艺局的"土壤、作物分析仪器开发"（Soil and Plant Analyzer Development）的缩写。SPAD-502 叶绿素仪通过测量叶片在两段波长范围内的透光系数来确定叶片当前叶绿素的相对数量，即测量植物的叶绿素相对含量或"绿色程度"。叶绿素仪能够在 2 秒内测出所需要的叶绿素值，即 SPAD 值。

表 2-1-8 不同品种烟叶烘烤过程中叶绿素相对含量 SPAD 值差异性比较

测定项目		平均值	标准差	标准误	叶绿素相对含量降解速率（%）
K326		12.95	3.66	1.16	
毕纳 1 号		20.39	3.10	0.98	
韭菜坪 2 号	鲜样	13.75	4.29	1.36	
红花大金元		20.85	3.72	1.18	
贵烟 2 号		17.36	4.07	1.29	
南江 3 号		17.95	6.11	1.93	
K326		6.72	5.54	1.75	48.11（0—24h）
毕纳 1 号		3.60	3.22	1.02	82.35
韭菜坪 2 号	24h	8.84	5.07	1.60	35.71
红花大金元		16.21	9.76	3.09	22.25
贵烟 2 号		6.54	3.03	0.96	62.33
南江 3 号		15.10	3.88	1.23	15.88
K326		6.19	4.11	1.30	7.89（24—48h）
毕纳 1 号		3.15	2.62	0.83	12.50
韭菜坪 2 号	48h	6.93	4.56	1.44	21.61
红花大金元		11.23	7.13	2.25	30.72
贵烟 2 号		1.69	2.20	0.70	74.16
南江 3 号		5.40	3.24	1.03	64.24

续表

测定项目		平均值	标准差	标准误	叶绿素相对含量降解速率（%）
K326		2.90	2.58	0.82	53.15（48—72h）
毕纳1号		2.54	3.32	1.05	19.37
韭菜坪2号	72h	5.26	2.59	0.82	24.10
红花大金元		5.46	3.73	1.18	51.38
贵烟2号		1.76	1.49	0.47	—
南江3号		4.86	0.94	0.30	10.00

注：由于受仪器自身检测精度的影响，72h后叶片一般检测值较小或检测不到。下次测定SPAD值应在96h，但96h后烟叶已全部变黄，叶绿素相对含量SPAD值已检测不到，故未列出，下同。

不同品种烟叶的SPAD值有明显差异，在12.95—20.85之间，平均为17.21。其中，红花大金元的平均值最大，K326平均值最小，这些品种SPAD值的变化与总叶绿素含量的趋势相一致。这些品种间SPAD值由高到低依次为红花大金元、毕纳1号、南江3号、贵烟2号、韭菜坪2号、K326（见表2-1-8）。

烘烤过程中烟叶SPAD值呈逐渐下降的趋势。"24h"时，以红花大金元的平均值最大，毕纳1号平均值最小，其他品种居中；"48h、72h"时，以红花大金元的平均值最大，贵烟2号平均值最小，其他品种居中。不同品种烟叶烘烤过程中叶绿素相对含量SPAD值的标准差和标准误成正比。鲜烟叶的标准差、标准误以南江3号最大，毕纳1号最小，其他品种居中。"24h"时的标准差、标准误，以红花大金元最大，毕纳1号最小，其他品种居中。"48h"时的标准差、标准误，以红花大金元最大，贵烟2号最小，其他品种居中。"72h"时的标准差、标准误，以红花大金元最大，南江3号最小，其他品种居中。

研究结果表明（见表2-1-8），红花大金元SPAD值较大，叶绿素相对含量较高，烟叶变黄速度慢，叶绿素降解慢。0—24h时间段，叶绿素相对含量降解速率以毕纳1号的值为最大，其次是贵烟2号，再次是K326和韭菜坪2号，最后是红花大金元和南江3号。24—48h时间段，贵烟2号叶绿素相对含量降解速率值最大，其次是南江3号，再次是红花大金元和韭菜坪2号，最后是毕纳1号和K326。48—72h时间段，K326和红花大金元烟叶叶绿素相对含量降解速率值最大，其次是韭菜坪2号和毕纳1号，再次是南江3号，贵烟2号叶绿素相对含量降解速率值已检测不到。

表2-1-9　烤烟烘烤过程中烟叶SPAD值与变黄程度的关系（毕纳1号，2013年）

测定项目	鲜样	24h	48h	72h
变黄程度		平均值＋标准误		
0-1 成黄	23.99±4.30	21.09±4.26	—	—
2-3 成黄	—	12.13±4.65	14.72±4.31	—
4-5 成黄	—	9.79±4.04	10.19±3.61	—
6-7 成黄	—	6.03±2.56	4.39±2.14	—
8-9 成黄	—	3.89±2.74	2.49±2.03	—
9-10 成黄	—	—	检测不到	1.74±1.99

虽然烟叶由青转黄的程度反映了叶内有机物质分解转化的进程，但是烟叶的变黄程度通常是通过人们直观的视觉器官判断的。烘烤过程中烟叶SPAD值与变黄程度成反比，即SPAD值随变黄程度的增大而减小（见表2-1-9）。在0—1成黄与2—3成黄之间，SPAD值的差距远远大于变黄程度较高的烟叶之间的差距，"24h"与"48h"不同变黄程度烟叶SPAD值略有差异，这与人的视觉、仪器等因素密切相关。可以将SPAD值分为0至20，每两个SPAD值作为一个层次来判断烟叶变黄程度，这种研究思路对于烟叶成熟度的判断具有重要意义。

研究结果表明（见图2-1-12、图2-1-3图2-1-14、图2-1-15），不同部位、不同成熟度的烟叶在烘烤过程中SPAD值均是逐渐下降的，尤其在变黄期下降值较大，至定色期后SPAD值下降速度逐渐减慢，定色期结束后SPAD值基本保持不变，约维持在5—7；但不同部位、不同成熟度、不同生态区烟叶的SPAD值下降速度均有差异。其中，中部烟叶SPAD值下降速度略快些，上部叶下降速度略慢些；成熟度低的烟叶SPAD值下降速度在变黄前期慢些，在变黄后期略快些，成熟度高的则呈相反趋势；蜜甜型烟区烟叶SPAD值下降速度略快些，清甜香型烟叶SPAD值下降速度略慢些；不同品种烟叶SPAD值的下降速度也存在差异。另外，烟叶入烤时，中部叶SPAD值高于上部叶，清甜香型烟区SPAD值高于蜜甜香型烟区，这是因为中部叶采收时成熟度低于上部叶，同时清甜香型烟区采收成熟度也略低于蜜甜香型烟区。

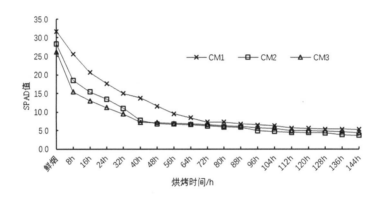

图 2-1-12　不同成熟度烟叶烘烤过程中 SPAD 值变化（威宁，云烟 116，中部）

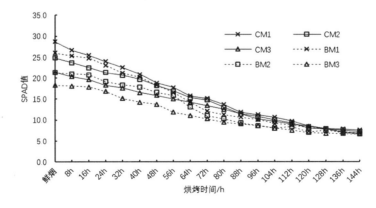

图 2-1-13　不同成熟度烟叶烘烤过程中 SPAD 值变化（大方，云烟 116）

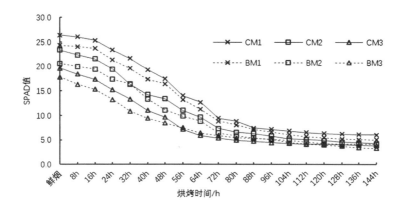

图 2-1-14 不同成熟度烟叶烘烤过程中 SPAD 值变化（镇远，云烟 87）

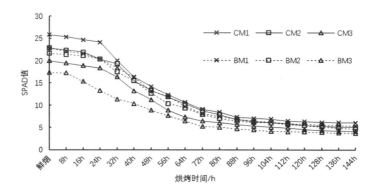

图 2-1-15 不同成熟度烟叶烘烤过程中 SPAD 值变化（瓮安，云烟 87）

5. 烘烤过程中烟叶颜色值的变化

烟叶在烘烤中最明显的变化之一就是烟叶颜色，烘烤中烟叶颜色的变化是叶片内各种色素的比例变化所表现出来的一个综合结果。所测定的烟叶颜色值中，亮度值 L*（从黑到白，表示亮度，0—100），是光作用于人眼时所引起的对色彩明暗程度的感觉，亮度越高，则外观颜色较为鲜明；红度值 a*（从绿到红，–A—+A），表示从绿到红的变化，其正值越大，绿色越淡，红色越浓；黄度值 b*（从蓝到黄，–B—+B），表示从蓝到黄的变化，其正值越大，

黄色越浓。从这 3 个方面可三维立体综合评价烟叶颜色，并自动计算彩度
C*（C*=［(a*) 2+（b*) 2］1/2）。

（1）烟叶烘烤过程中颜色值的基本变化

研究结果表明（见图 2-1-16），烘烤过程中烟叶 L、a、b、C 值基本上呈
逐渐增大的趋势。亮度值 L*、黄度值 b* 和彩度 C* 均在变黄中期达到最高值，
变黄后期开始降低，说明烟叶烘烤在变黄中期之前亮度、红度和彩度较强，颜
色较鲜亮，经过叶片干燥过程后烟叶鲜亮程度逐渐降低。红度值 a* 在变黄前
期变化较小，变黄中后期明显加大，说明烟叶主要呈绿色，中后期绿色降低、
红色增加；定色前中期，红度值 a* 基本不变，说明烟叶绿色素已降解完，红
色基本固定。

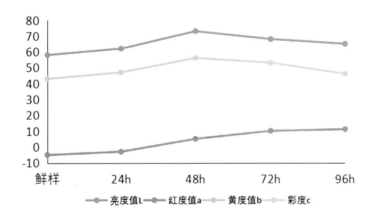

图 2-1-16　考研烘烤过程中烟叶颜色值 L、a、b、c 的变化

（2）烟叶烘烤过程中颜色值的变化

L*

不同品种鲜烟叶亮度值 L* 有所差别，平均为 54.6（51.82—56.66）。烘烤
过程中，亮度值 L* 呈增高趋势，亮度值 L* 在烘烤 24h 时较高，这些品种中

K326、毕纳 1 号和韭菜坪 2 号亮度值 L* 差别不大，南江 3 号亮度值 L* 较低；变黄中期以后，亮度值 L* 有所降低；当烟叶干燥后，亮度值 L* 又增加到最高值，这些品种间亮度值 L* 同样存在差异，K326 和毕纳 1 号亮度值 L* 较高，韭菜坪 2 号和南江 3 号亮度值 L* 较低（见图 2-1-17）。

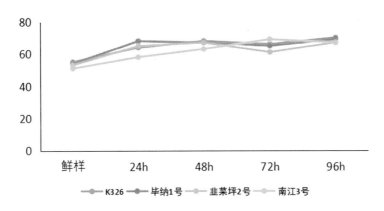

图 2-1-17　烤烟烘烤过程中烟叶颜色值 L* 的变化（2013 年）

a*

不同品种鲜烟叶红度值 a* 有所差别且均为负值，平均为 –7.65（–6.83—–8.44）。K326 和南江 3 号红度值 a* 较高，毕纳 1 号和韭菜坪 2 号红度值 a* 较低。烘烤过程中，烟叶红度值 a* 呈大幅增高趋势。多数品种红度值 a* 在烘烤 24h 后仍呈负值，表明此时烟叶仍以绿色为主；烘烤 48h 后，红度值 a* 转成正值，表明绿色已明显减退；随着烘烤时间的增加，红度值 a* 逐渐增大，当烟叶干燥后（干筋期），红度值 a* 增加达到最高值（见图 2-1-18）。

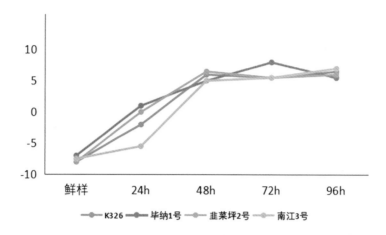

图 2-1-18　烤烟烘烤过程中烟叶颜色值 a* 的变化（2013 年）

b*

不同品种鲜烟叶黄度值 b* 差别不大，平均为 41.78（39.01—42.99）。烘烤过程中，黄度值 b* 呈先增高、后降低的趋势。在烘烤 24h 后鲜烟叶黄度值 b* 达到最高，变黄中期以后逐渐降低，当烟叶干燥后，黄度值 b* 达到最低值（见图 2-1-19）。

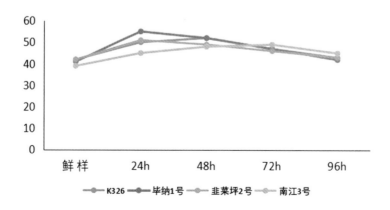

图 2-1-19　烤烟烘烤过程中烟叶颜色值 b* 的变化（2013 年）

C*

不同品种鲜烟叶彩度 C* 差别不大，平均为 42.52（39.95—43.60）。烘烤过程中，彩度 C* 呈先增高、后降低的趋势，与黄度值 b* 的变化趋势基本相同。在烘烤 24h 后鲜烟叶彩度 C* 达到最高，变黄中期以后彩度 C* 逐渐降低，当烟叶干燥后彩度 C* 达到最低值（见图 2-1-20）。

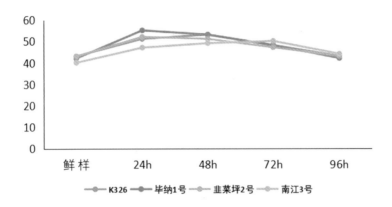

图 2-1-20　烤烟烘烤过程中烟叶颜色值 b* 的变化（2013 年）

6. 烘烤过程中烟叶表面分泌物含量变化分析

烟叶表面提取物质与烟叶香气品质密切相关，包括腺毛分泌物和烷烃类（表皮蜡）等。

（1）腺毛分泌物

腺毛是分泌器官，腺毛分泌物对烟叶的香气和香味有明显的影响。已知的腺毛分泌物主要包括茄酮、降茄二酮、西柏烷、西柏三烯一醇、松香油、α- 西柏三烯二醇和 β- 西柏三烯二醇等。

表 2-1-10　烘烤过程中烟叶腺毛分泌物含量的变化（μg/g，云烟 85）

项目	鲜叶	24h	48h	72h	96h	144h
茄酮	30.714	21.310	25.355	28.898	28.653	20.179
降茄二酮	15.570	11.744	14.063	12.432	11.792	9.281
新植二烯	2.073	1.606	1.877	5.842	7.162	10.312
西柏烷	67.301	37.116	55.567	87.123	101.333	26.604
西柏三烯一醇	32.085	31.599	43.573	30.766	28.558	24.168
松香油	421.327	333.524	461.883	387.769	386.707	199.961
α - 西柏三烯二醇	61.217	94.812	133.684	65.008	55.756	74.672
β - 西柏三烯二醇	15.806	10.291	14.876	19.600	23.427	6.120
腺毛分泌物总量	646.093	542.002	750.878	637.438	643.388	371.297

　　研究结果表明（见表 2-1-10），鲜烟叶腺毛分泌物含量为 644.019μg/g。经过烘烤后，腺毛分泌物含量大量降解损失，损失率为 42.53%。变黄期至定色中期，烟叶腺毛分泌物降解损失不大；当烟叶干燥后，烟叶腺毛分泌物含量明显减少。可见，烘烤过程中烟叶腺毛分泌物的损失主要发生在干筋阶段，烘烤过程中强制通风和高温条件可能是导致烟叶腺毛分泌物损失的主要原因。烟叶腺毛分泌物主要成分在烘烤过程中出现损失，但也有一些成分表现出增加。其中，茄酮和降茄二酮转化降解损失率分别为 34.30% 和 40.39%，西柏烷、西柏三烯一醇、松香油和 β - 西柏三烯二醇的损失率分别为 60.47%、24.68%、52.54% 和 61.28%；鲜烟叶中新植二烯含量较低，在烘烤过程中呈大幅增加起势，增幅为 397.44%；α- 西柏三烯二醇出现小幅增加，增加率为 21.98%。

（2）烷烃类物质

　　从鲜烟叶表面分泌物中，检测到二十九烷、异三十烷、三十烷、异三十一烷、三十一烷、异三十二烷、三十二烷、异三十三烷和三十三烷 9 种烷烃类成分。

表 2-1-11　烘烤过程中烟叶烷烃类物质含量的变化（μg/g，云烟 85）

项目	鲜叶	24h	48h	72h	96h	144h
二十九烷	52.165	47.066	52.945	49.346	50.702	25.573
异三十烷	5.177	4.795	5.001	4.746	5.211	2.979
三十烷	37.449	37.021	37.839	37.210	39.135	21.952
异三十一烷	24.811	24.092	20.960	23.361	23.489	17.663
三十一烷	46.240	48.980	44.344	47.874	49.309	35.730
异三十二烷	60.724	68.166	65.217	67.447	73.220	49.217
三十二烷	56.802	56.469	56.502	54.366	57.523	38.330
异三十三烷	28.792	31.930	28.807	33.793	34.796	17.373
三十三烷	36.917	38.958	39.538	38.432	40.114	27.442
烷烃类总量	349.077	357.477	351.153	356.575	373.499	236.259

鲜烟叶烷烃类物质含量为 349.077 μg/g。经过烘烤后，腺毛分泌物含量将产生大量降解损失。烘烤过程中，烷烃类物质含量的变化与烟叶腺毛分泌物含量的变化趋势相同，变黄和定色阶段呈波动变化，至定色中期鲜烟叶烷烃类物质含量高于鲜烟叶的含量；而当烟叶干燥后，烷烃类物质含量明显降低。可见，烘烤过程中烟叶烷烃类物质的损失主要发生在干筋阶段，烘烤过程中强制通风和高温条件可能是导致烟叶烷烃类物质损失的主要原因。烟叶烷烃类物质主要成分在烘烤过程中均出现损失，其中，损失率较高的主要成分是二十九烷、异三十烷、三十烷和异三十三烷，损失率分别为 50.98%、42.46%、41.38% 和 39.66%；其次是三十二烷、异三十一烷和三十三烷，损失率分别为 32.52%、28.81% 和 25.67%；三十一烷和异三十二烷损失率相对较低，分别为 22.73% 和 18.95%（见表 2-1-11）。

7. 密集烘烤过程中烟叶抗氧化系统关键物质和酶的变化测定分析

（1）烘烤过程中烟叶丙二醛（MDA）的变化

丙二醛是生物体内的氧自由基攻击脂质中的不饱和脂肪酸而产生的一种重要的代谢产物。丙二醛具有细胞毒性，会引起蛋白质等生命大分子的交联聚合，从而导致细胞膜的结构和功能发生改变，给细胞造成严重的伤害。因此，丙二醛的生成量体现了膜脂过氧化的程度，间接反映了植物组织的抗氧化能力。

2013 年，课题组在贵州省烟草科学研究龙岗基地以烤烟品种 K326 为研究对象，分析了密集烘烤过程中不同（上、中、下）叶位不同成熟度（欠熟、成熟和过熟）烟叶丙二醛含量的动态变化情况。研究发现，尽管不同叶位、不同成熟度的烟叶丙二醛含量有所差异，但其在烘烤过程中随烘烤时间的变化趋势是基本一致的。

由图 2-1-21、图 2-1-22、图 2-1-23 可见，在烟叶烘烤变黄阶段，MDA 含量均呈上升趋势，不因叶位和成熟度而异，表明在烘烤所设定的特定环境下，烤烟叶片中的膜脂过氧化程度逐渐加剧，变黄后期（烘烤 72h）MDA 含量达到峰值；定色初期，72—96h，MDA 含量均呈急剧下降趋势。在烟叶烘烤过程中，不同成熟度烟叶中的 MDA 含量在变黄期的变化趋势因叶位差异表现得并

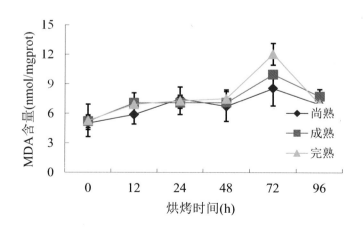

图 2-1-21　下部烟叶（A）烘烤过程中烟叶丙二醛（MDA）含量动态变化

不明显。在定色前期（烘烤72h），不同成熟度烟叶中的MDA含量因叶位差异较大，其下部叶中MDA含量由大到小顺序依次为过熟、成熟、欠熟，分别达到12.04 nmol/mgprot、9.99 nmol/mgprot和8.55 nmol/mgprot；而中部和上部烟叶中的MDA含量由大到小的顺序依次是过熟、欠熟、成熟。不同部位烟叶烘烤过程中，尤其在定色期，中部叶和上部叶的MDA含量高于下部，表明中部叶和上部叶较下部叶具有更强的抗逆性。由于MDA含量高低直接对应抗逆性的强弱，因此，根据不同叶位不同成熟度烟叶MDA含量变化规律，可以发现中上部烟叶较下部烟叶具有更强的抗逆性，而过熟烟叶比欠熟和成熟烟叶具有更强的抗逆性。

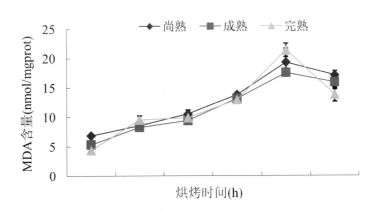

图2-1-22　中部烟叶（B）烘烤过程烟叶中丙二醛（MDA）含量动态变化

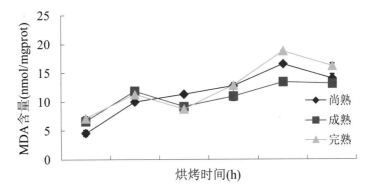

图2-1-23　上部烟叶（C）烘烤过程中烟叶丙二醛（MDA）含量动态变化

综上所述，在密集烘烤进程中，尽管不同叶位和成熟度的烟叶中的丙二醛含量随叶位和成熟度有所差异，但其随烘烤过程的变化趋势基本是一致的，即变黄阶段 MDA 含量逐渐升高，变黄后期（烘烤 72h）达到峰值，进入定色期后 MDA 含量急剧降低。

（2）烘烤过程中烟叶过氧化物酶（POD）活性的变化

过氧化物酶（POD）是由微生物或植物所产生的一类氧化还原酶，它们能催化很多化学反应，过氧化物酶是以过氧化氢为电子受体催化底物氧化的酶。它们主要存在于细胞的过氧化物酶体中，以铁卟啉为辅基，可催化过氧化氢、氧化酚类和胺类化合物，具有消除过氧化氢和酚类胺类苯类毒性的双重作用。

2013 年，课题组在贵州省烟草科学研究院龙岗基地以烤烟品种 K326 为研究对象，分析了烤烟三个部位（上、中、下）和三个成熟度（欠熟、成熟和过熟）烟叶中过氧化酶（POD）活性的变化。由图 2-1-24、图 2-1-25、图 2-1-26 可见，烘烤过程中烟叶的 POD 活性基本呈抛物线变化趋势，即随着烘烤的进行，POD 活性逐渐升高，而在烘烤中后期（烘烤 48—72h），POD 活性逐渐降低；定色初期（烘烤 72—96h），POD 活性急剧降低。

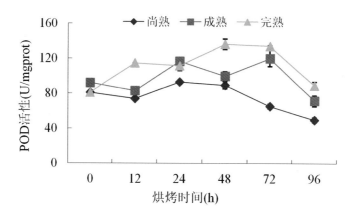

图 2-1-24　下部烟叶（A）烘烤过程中烟叶过氧化物酶（POD）活性动态变化

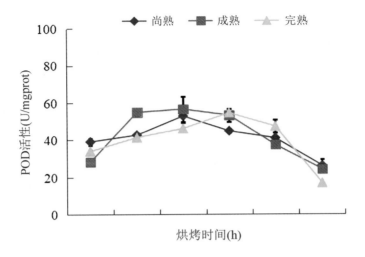

图 2-1-25 中部烟叶（B）烘烤过程中烟叶中过氧化物酶（POD）活性动态变化

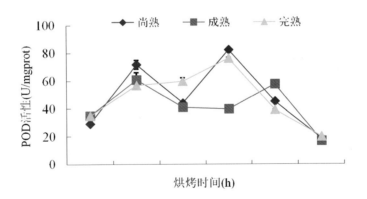

图 2-1-26 上部烟叶（C）烘烤过程中烟叶过氧化物酶（POD）活性动态变化

烘烤过程中不同部位烟叶的 POD 活性的变化有较大差异。下部烟叶 POD 活性在变黄中后期（烘烤 48—72h）较高，定色初期（烘烤 72—96h）迅速降低；中部烟叶 POD 活性在主要变黄期（烘烤 12—72h）保持在较高水平，进入定色期后急剧降低；上部烟叶 POD 活性在变黄阶段呈双峰值变化，烘烤 12h 达到第一个峰值，之后下降，烘烤 48h 时达到第二个峰值，同时也是最大值；

烘烤48h后，POD活性急剧降低。

烘烤过程中不同成熟度烟叶的POD活性的变化有较大差异。下部烟叶烘烤中，POD活性表现出过熟烟叶＞成熟烟叶＞欠熟烟叶，欠熟烟叶POD活性明显较低；中部烟叶烘烤中，不同成熟度之间POD活性差异不明显，欠熟烟叶和成熟烟叶POD活性峰值出现在变黄阶段中期（烘烤24h），而过熟烟叶POD活性峰值则出现在变黄阶段中后期（烘烤48h）；上部烟叶烘烤中，不同成熟度烟叶的POD活性均表现出双峰值变化，烘烤12h均达到第一个峰值，欠熟烟叶和完熟烟叶POD活性的第二个峰值在烘烤48h后出现，而成熟烟叶POD活性第二个峰值则出现在烘烤72h，略晚于欠熟和成熟烟叶，且成熟烟叶POD活性值在变黄中期（烘烤24—48h）相对较低。

综上表明，密集烘烤过程中烟叶过氧化物酶（POD）活性随烘烤阶段的变化呈抛物线趋势，其活性随烘烤开始而逐渐上升，POD活性峰值出现在变黄中期至变黄后期（即烘烤48—72h），定色初期（烘烤72—96h）POD活性急剧降低。

（3）烘烤过程中烟叶超氧化物歧化酶（SOD）活性的变化

超氧化物歧化酶（SOD）是生物体系中抗氧化酶系的重要组成成员，也是一种抗氧化金属酶，它广泛分布在微生物、植物和动物体内。SOD能够催化超氧阴离子自由基歧化生成氧和过氧化氢，在机体氧化与抗氧化平衡中起到至关重要的作用，与很多疾病的发生、发展密不可分。

由图2-1-27、图2-1-28、图2-1-29可见，在烘烤过程中，烟叶超氧化物歧化酶（SOD）活性的变化在变黄阶段随烘烤时间延长逐渐上升，在变黄中后期（烘烤24—72h）超氧化物歧化酶（SOD）活性较高，进入定色期后，超氧化物歧化酶（SOD）活性逐渐降低。其中同部位烟叶在烘烤过程中超氧化物歧化酶（SOD）活性的变化有较大差异。在下部烟叶烘烤中，超氧化物歧化酶（SOD）活性表现出双峰变化的趋势，烘烤24h时达到第一个峰值，之后下降，烘烤72h时达到第二个峰值，烘烤72h后，超氧化物歧化酶（SOD）活性急剧降低；在中部烟叶烘烤中，超氧化物歧化酶（SOD）活性主要表现为单峰变化的趋势，烘烤48h时达到峰值，之后逐渐下降；上部烟叶烘烤中，超氧化物歧化酶（SOD）活性表现出双峰变化的趋势，但两个峰值均较下部烟叶有所提前，烘烤12h时达到第一个峰值，之后下降，烘烤48h时达到第二个峰值，烘烤72h后，超氧化物歧化酶（SOD）活性急剧降低。

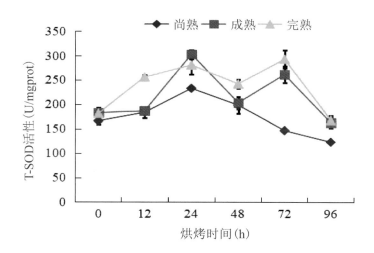

图 2-1-27　下部烟叶（A）烘烤过程中烟叶超氧化物歧化酶（T—SOD）活性动态变化

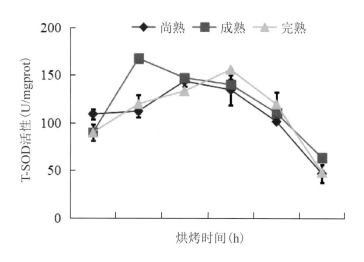

图 2-1-28　中部烟叶（B）烘烤过程中烟叶超氧化物歧化酶（T—SOD）活性动态变化

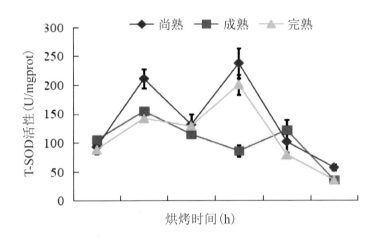

图 2-1-29　上部烟叶（C）烘烤过程中烟叶超氧化物歧化酶（T—SOD）活性动态变化

　　不同成熟度的烟叶在烘烤过程中超氧化物歧化酶（SOD）活性的变化有较大差异。在下部烟叶烘烤中，成熟烟叶和过熟烟叶的超氧化物歧化酶（SOD）活性的变化趋势较相似，表现出双峰变化趋势，而欠熟烟叶则表现为单峰变化趋势，且烘烤同期超氧化物歧化酶（SOD）活性相对低于成熟烟叶和过熟烟叶；在中部烟叶烘烤过程中，不同成熟度烟叶的超氧化物歧化酶（SOD）活性均表现出单峰变化趋势，其中，成熟烟叶在变黄初期（烘烤12h时）达到峰值，而欠熟烟叶和过熟烟叶在变黄中期（烘烤48h时）达到峰值；在上部烟叶烘烤过程中，不同成熟度烟叶的超氧化物歧化酶（SOD）活性均表现出双峰变化趋势，烘烤12h时达到第一个峰值，之后下降，烘烤48h时达到第二个峰值，烘烤72h后，超氧化物歧化酶（SOD）活性急剧降低。

　　综上表明，密集烘烤过程中烟叶的超氧化物歧化酶（SOD）活性与烘烤时间基本呈双峰趋势，在烘烤开始后其活性逐渐上升，并在烘烤12—24h阶段达到第一个活性峰值，随后在变黄中后期48—72h达到第二个活性峰值，进入定色期后，烟叶的超氧化物歧化酶（SOD）活性急剧降低。虽然不同部位及不同成熟度烟叶总体变化趋势相似，但峰值变化时间有所差别。

（4）烘烤过程中烟叶过氧化氢酶（CAT）活性的变化

过氧化氢酶是一种普遍存在于所有生物体内的一种抗氧化酶，主要分布于植物的叶绿体、线粒体、内质网以及动物的肝和红细胞中。它是过氧化物酶体的标志酶，约占过氧化物酶体酶总量的40%，其主要作用是催化过氧化氢分解为水和氧气，清除体内的过氧化氢，从而使细胞免于遭受 H_2O_2 的毒害，为机体提供了抗氧化防御机理。

由图 2-1-30、图 2-1-31、图 2-1-32 可见，烘烤过程中烟叶的过氧化氢酶（CAT）活性总体表现为在变黄阶段随烘烤时间延长而逐渐上升，在变黄中期（烘烤 24—48h）过氧化氢酶（CAT）活性达到峰值，变黄后期（烘烤 48—72h）过氧化氢酶（CAT）活性逐渐降低。

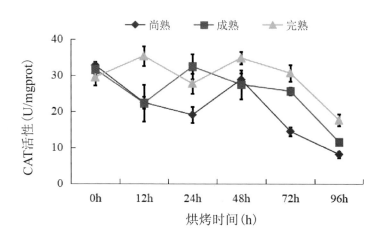

图 2-1-30 下部烟叶（A）烘烤过程中烟叶的过氧化氢酶（CAT）活性动态变化

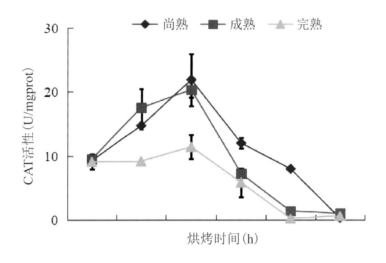

图 2-1-31　中部烟叶（B）烘烤过程中烟叶的过氧化氢酶（CAT）活性动态变化

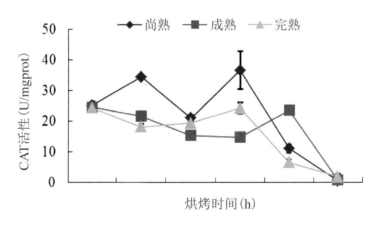

图 2-1-32　上部烟叶（C）烘烤过程中烟叶的过氧化氢酶（CAT）活性动态变化

　　不同部位烟叶烘烤过程中，过氧化氢酶（CAT）活性的变化有较大差异。下部鲜烟叶的 CAT 活性相对较高，烘烤过程中，过氧化氢酶（CAT）活性呈波动变化，在变黄前中期（烘烤 12—48h）达到峰值，烘烤 72h 后，过氧化氢酶（CAT）活性急剧降低；中部鲜烟叶的 CAT 活性相对较低，烘烤过程中，过氧化氢酶（CAT）活性呈单峰变化，在变黄中期（烘烤 48h）达到峰值，之后逐渐降低；上部鲜烟叶的 CAT 活性介于下部烟叶和中部烟叶之间，烘烤过程中，过氧化氢酶（CAT）活性主要呈单峰变化，在变黄中后期（烘烤48—72h）达到峰值，之后逐渐降低。

在烘烤过程中不同成熟度烟叶的过氧化氢酶（CAT）活性变化有较大差异。下部鲜烟叶的过氧化氢酶（CAT）活性相对较高，烘烤过程中，尚熟烟叶和成熟烟叶变化呈先降低、后上升、再降低的趋势，其中，成熟烟叶在烘烤"24h"时达到峰值后逐渐降低，尚熟烟叶在烘烤"48h"时达到峰值后急剧降低；中部鲜烟叶的过氧化氢酶（CAT）活性相对较低，在烘烤过程中，不同成熟度烟叶的变化趋势一致，但同期过程尚熟烟叶过氧化氢酶（CAT）活性较高，其次是成熟烟叶，过熟烟叶的过氧化氢酶（CAT）活性较低；在上部烟叶烘烤过程中，不同成熟度烟叶的过氧化氢酶（CAT）活性呈波动变化，其中，尚熟烟叶呈双峰变化趋势，烘烤"12h"时达到第一个峰值，之后下降，烘烤"48h"时达到第二个峰值，烘烤"72h"之后，超氧化物歧化酶（SOD）活性急剧降低；成熟烟叶和过熟烟叶的变化呈先降低、后上升、再降低的趋势，其中，过熟烟叶在烘烤"48h"时达到峰值，之后急剧降低，成熟烟叶则在烘烤"72h"时达到峰值，之后急剧降低。

综上所述，在密集烘烤过程中，烟叶的过氧化氢酶（CAT）活性在变黄阶段随烘烤时间延长而逐渐上升，在变黄中期（烘烤24—48h）过氧化氢酶（CAT）活性达到峰值，在变黄后期（烘烤48—72h）过氧化氢酶（CAT）活性逐渐降低，在烘烤"96h"时降低到极低的活性水平。虽然不同部位及不同成熟度烟叶的过氧化氢酶（CAT）活性变化有所差异，但总体趋势比较一致。

（5）烘烤过程中烟叶淀粉酶（AMS）活性的变化

烘烤中烟叶的淀粉含量是决定烟叶内在品质和外观品质的重要因素。烘烤过程中烟叶的淀粉向糖的转化以及形成糖含量的高低与烟叶的香味密切相关，还原糖、单糖含量的高低是烟叶质量好坏的重要标志。密集烘烤过程中烟叶最为明显的碳代谢就是淀粉含量的大量分解和糖类物质含量的大量提高，这个过程中，淀粉酶起到非常关键的作用。淀粉酶是降解烟叶淀粉的关键酶之一，其活性大小对烟叶淀粉的降解速率及降解量有重要的影响。

由图 2-1-33 可见，鲜烟叶（0h）中淀粉酶（AMS）活性较低，烘烤过程中，在变黄阶段烟叶淀粉酶（AMS）活性迅速升高。在变黄阶段前中期（烘烤0—48h），烟叶淀粉酶（AMS）活性迅速升高，在变黄中期至变黄后期（烘烤12—48h）保持较高的活性水平，变黄中后期淀粉酶（AMS）活性达到峰值，定色初期（烘烤 72—96h）烟叶淀粉酶（AMS）活性急剧降低。

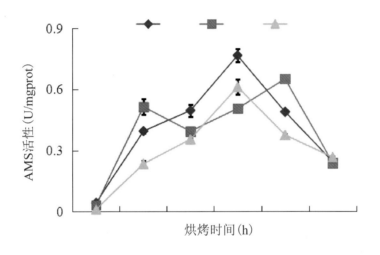

图 2-1-33　烘烤过程中烟叶淀粉酶（AMS）活性动态变化

不同成熟度的烟叶中淀粉酶（AMS）活性的动态变化趋势存在较大差异。成熟烟叶中淀粉酶活性呈明显的双峰趋势变化，其活性峰值分别出现在烘烤"12h"和"72h"处，分别为 0.51 U/mg prot 和 0.65 U/mg prot。与成熟烟叶不同的是，尚熟烟叶和完熟烟叶中的淀粉酶活性（AMS）变化基本呈单峰趋势，即在烘烤"48h"之前一直保持上升趋势，直到"48h"时到达活性峰值后迅速下降，但完熟烟叶中淀粉酶活性在烘烤各个阶段均略低于同时期的尚熟烟叶。可见，成熟烟叶中淀粉酶（AMS）活性不仅在烘烤前期上升速率较快，且其稳定在较高水平的时间也较其他两种烟叶长，这对促进烟叶中淀粉的降解和转化是有利的。

（6）烘烤过程中烟叶谷氨酰胺合成酶（GS）活性的变化

谷氨酰胺合成酶广泛存在于所有生物体内，利用 ATP 水解成 ADP 释放的能量，催化氨和谷氨酸合成谷氨酰胺，是生物体内参与氮代谢的关键酶。氮素是烤烟生长发育以及影响产量和品质的重要营养元素，谷氨酰胺合成酶（GS）的活性大小可以反映氮素在植物体内被利用的状况。

研究结果表明（见图 2-1-34），在烘烤过程中，烟叶谷氨酰胺合成酶（GS）活性呈现出上升—稳定—上升—下降的趋势，总体呈抛物线的变化趋势。与淀粉酶（AMS）活性变化趋势相同，谷氨酰胺合成酶（GS）活性在烘烤开始后迅速上升，在烘烤 12—24h 间出现短暂的平台期，随后会再次急剧上升，并在烘烤"48h"或"72h"时达到峰值，在定色初期（烘烤 72—96h）烟叶谷氨酰胺合成酶（GS）活性急剧降低。

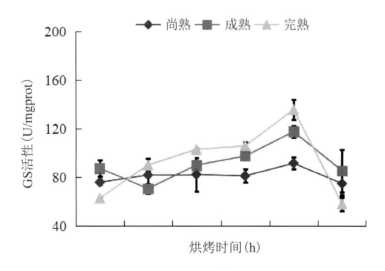

图 2-1-34 烘烤过程中烟叶谷氨酰胺合成酶（GS）活性动态变化

不同成熟度的烟叶在烘烤过程中，谷氨酰胺合成酶（GS）活性的变化在烘烤"24h"之前差异幅度不大，然而当烤烟在变黄中期至变黄后期（烘烤 48h 至 72h），谷氨酰胺合成酶（GS）活性随着烘烤时间的增加而显著上升，并达到峰值。在变黄后期（烘烤48h至72h），不同成熟度烟叶谷氨酰胺合成酶（GS）活性表现为尚熟烟叶＞成熟烟叶＞完熟烟叶。

（7）烘烤过程中烟叶多酚氧化酶（PPO）活性的变化

多酚氧化酶（PPO）是一种铜离子结合酶，在组织发育过程中形成，并贮存于叶绿体中。在烤烟密集烘烤过程中，当烟叶细胞的细胞膜完整性被破坏时，酚类物质与叶绿体中的PPO结合生成d—醌，这些高度活泼的醌与其他醌、氨基酸以及蛋白质聚合生成色素物质，是烟叶挂灰的主要原因，而挂灰烟叶会影响其经济价值。

研究结果表明（见图2-1-35），在烘烤过程中，变黄阶段烟叶多酚氧化酶（PPO）活性的变化总体呈上升趋势。在变黄前中期（烘烤0h至48h）多酚氧化酶（PPO）活性相对较低；在变黄后期（烘烤48h至72h）多酚氧化酶（PPO）活性迅速增加，烘烤至"72h"时多酚氧化酶（PPO）活性达到峰值；在定色初期（烘烤72—96h）烟叶多酚氧化酶（PPO）活性逐渐降低，但仍保持较高的活性水平。

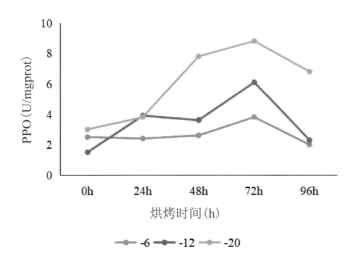

—6（下部叶位）　—12（中部叶位）　—20（上部叶位）

图2-1-35　烘烤过程中烟叶多酚氧化酶（PPO）活性动态变化

不同部位烟叶的多酚氧化酶（PPO）活性的变化趋势相一致，但在变黄后期至定色初期（烘烤48—96h），不同部位之间烟叶多酚氧化酶（PPO）活性水平有明显差异，上部烟叶的酶活性明显高于中部叶和下部叶，且保持较高的活性水平，这也是上部烟叶容易出现棕色化现象的主要原因之一。因此，变黄后期至定色初期（烘烤48—96h）是烟叶颜色变化的关键阶段，如果烘烤工艺（温湿度）控制不当，极易出现烟叶棕色化烤黑现象。

（8）烘烤过程中烟叶苯丙氨酸解氨酶（PAL）活性的变化

烟叶香味是评定烟叶质量和风格的重要指标。烟叶在调制过程中完成了香味前体物质的降解以及香味的形成和转化。其中，苯丙氨酸作为烟叶香味成分的重要前体物质，可以通过自身反应分解产生如苯甲醛、苯甲醇等香味物质，其代谢转化是影响烟叶香味的重要过程。

研究结果表明（见图2-1-36）：在烘烤过程中的变黄阶段和定色阶段，烟叶苯丙氨酸解氨酶（PAL）活性随烘烤时间的延长而逐渐上升。在变黄前中期（烘烤0h至48h）苯丙氨酸解氨酶（PAL）活性相对较低；而在变黄后期至定色初期（烘烤48—96h）苯丙氨酸解氨酶（PAL）活性缓慢增加，而在烘烤72—96h期间，苯丙氨酸解氨酶（PAL）活性保持较高的活性水平。

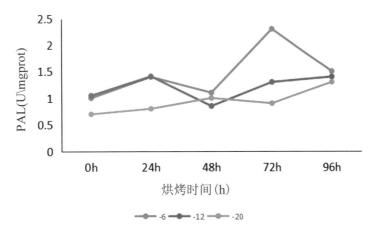

—6（下部叶位）　—12（中部叶位）　—20（上部叶位）

图2-1-36　烘烤过程中烟叶苯丙氨酸解氨酶（PAL）活性动态变化

不同部位烟叶的苯丙氨酸解氨酶（PAL）活性的变化有所差异，主要表现在变黄后期（烘烤48—72h），下部烟叶的苯丙氨酸解氨酶（PAL）活性明显高于中部叶和上部叶。到了定色初期（烘烤72—96h），上部烟叶的苯丙氨酸解氨酶（PAL）活性仍保持较高的活性水平。整体而言，整个烘烤过程中，上部烟叶的苯丙氨酸解氨酶（PAL）活性均低于中部烟叶和下部烟叶。

（9）烘烤过程中烟叶乙醇脱氢酶（ADH）活性的变化

乙醇脱氢酶，它是一种含锌金属酶，大量存在于人和动物肝脏、植物及微生物细胞之中，作为生物体内主要短链醇代谢的关键酶，它在很多生理过程中起着重要作用，具有广泛的底物特异性。

研究结果表明（见图2-1-37）：在烘烤过程中的变黄阶段，乙醇脱氢酶（ADH）活性随烘烤时间延长而逐渐上升。在变黄后期（烘烤72h）乙醇脱氢酶（ADH）活性达到峰值，在定色初期（烘烤72—96h）乙醇脱氢酶（ADH）活性逐渐降低。在烘烤"48h"至"96h"之间，乙醇脱氢酶（ADH）活性保持较高的活性水平。

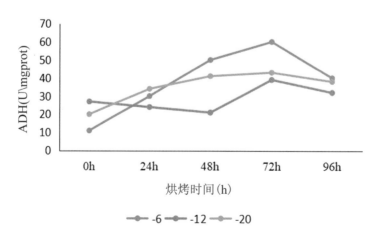

—6（下部叶位）　—12（中部叶位）　—20（上部叶位）

图2-1-37　烘烤过程中烟叶乙醇脱氢酶（ADH）活性动态变化

不同部位烟叶的乙醇脱氢酶（ADH）活性的变化趋势相似，但不同部位之间烟叶乙醇脱氢酶（ADH）活性水平存在明显差异，下部烟叶的酶活性明显高于中部叶和上部叶，并保持较高的活性水平。比较而言，整个烘烤过程中，中部烟叶的乙醇脱氢酶（ADH）活性均低于上部烟叶和下部烟叶。

（10）烘烤过程中烟叶苹果酸脱氢酶（MDH）活性的变化

苹果酸脱氢酶（MDH）是一种广泛存在于动物、植物和微生物中的酶，主要负责催化草酰乙酸和苹果酸的相互转化，参与众多重要的代谢过程，如糖酵解、光合作用、木质素合成、氮固定、氨基酸合成、离子平衡、磷与铁的吸收和抗铝盐毒害等。再生的草酰乙酸可以再次进入三羧酸循环，用于柠檬酸的合成。

研究结果表明（见图 2-1-38）：在整个烘烤过程中，从鲜烟叶到烘烤定色初期，烟叶苹果酸脱氢酶（MDH）活性呈波动变化，但波动幅度并不大。将不同烟叶部位进行比较，烟叶中苹果酸脱氢酶（MDH）活性均以上部叶为最高，其次为中部叶，下部烟叶中的 MDH 活性最低；在变黄后期至定色初期（烘烤72—96h）期间，烟叶中苹果酸脱氢酶（MDH）活性仍保持较为平衡的水平。

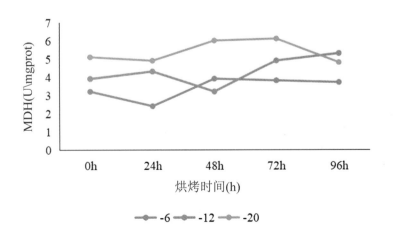

—6（下部叶位）　—12（中部叶位）　—20（上部叶位）

图 2-1-38　烘烤过程中烟叶苹果酸脱氢酶（MDH）活性动态变化

（11）烘烤过程中烟叶叶绿素酶（CHL）活性的变化

叶绿素酶（CHL）存在于叶绿体中，能将叶绿素水解成为羧酸的脱植基叶绿素和高级一价醇叶绿素（植醇）的酶，是酯酶的一种。

研究结果表明（见图2-1-39）：烘烤过程中烟叶叶绿素酶（CHL）活性总体呈下降的变化趋势。从变黄时间"65h"处（T1）至变黄时间"85h"处（T3）的不同试验处理结果来看，叶绿素酶（CHL）活性的变化规律不明显。变黄时间"75h"处（T2）烟叶叶绿素酶（CHL）活性在变黄后期至定色后期仍处于上升的趋势，叶绿素酶活性表达较为充分，更有利于叶绿素的降解。T1（变黄期65h）和T3（变黄期85h）处叶绿素酶（CHL）活性的波动较大，酶活表达量相对较低。

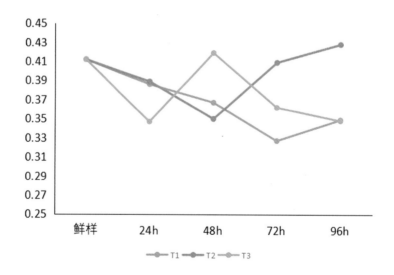

图 2-1-39　烘烤过程中烟叶叶绿素酶（CHL）活性动态变化

（12）烘烤过程中烟叶吲哚乙酸氧化酶（IAAO）活性的变化

吲哚乙酸氧化酶（IAAO）吲哚 -3- 乙酸为植物组织的抽提胺氧化分解，称催化此反应的酶为吲哚乙酸氧化酶。此酶反应为过氧化氢酶或氰化物、叠氮化物、重金属等所抑制。此反应所要求的辅因子与植物组织抽提液的辅因子非常一致，因此认为吲哚乙酸氧化酶（IAAO）是过氧化物酶的一种。

研究结果表明（见图 2-1-40）：烘烤过程中，烟叶的吲哚乙酸氧化酶（IAAO）活性的变化表现为先降低、后上升、再降低的趋势。在变黄初期（烘烤 0—36h），吲哚乙酸氧化酶（IAAO）活性逐渐降低；在变黄中期至定色初期（烘烤 36—84h），吲哚乙酸氧化酶（IAAO）活性逐渐上升，至烘烤"84h"时吲哚乙酸氧化酶（IAAO）活性达最高值，之后快速降低。

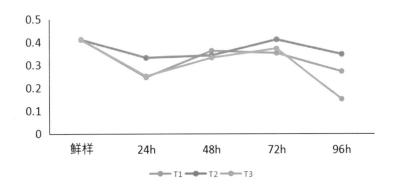

图 2-1-40　烘烤过程中烟叶吲哚乙酸氧化酶（IAAO）活性动态变化

不同部位烟叶烘烤过程中的吲哚乙酸氧化酶（IAAO）活性变化趋势基本一致，但在定色后期（烘烤 84—108h），下部烟叶和中部烟叶吲哚乙酸氧化酶（IAAO）活性仍保持在较高活性水平，而上部烟叶吲哚乙酸氧化酶（IAAO）活性则明显降低。

8. 密集烘烤过程中烟叶干物质变化规律

烟叶干物质是烟叶叶重的基础，也就是说干物质的累积是烤烟产量形成的主要部分。在烟叶烘烤过程中，由于烟叶自身的呼吸代谢、物质转化及高温挥发等，会产生能量消耗而导致干物质的损耗，一般认为烘烤期间干物质的损失主要发生在烘烤的变黄期，约占总干物质损耗的80%。进入定色期后损耗减小，定色结束后，干物质基本不再发生较大的变化，总损失量约为10%—20%。

干物质损耗量的高低在品种、栽培技术不变的情况下，主要受烟叶成熟度、烘烤工艺的影响，成熟度高则损失量较少，成熟度越低则损耗越大，其主要原因在于烟叶成熟度越低烘烤变黄时间越长，损失干物质就越多；上部叶烘烤干物质损耗量与中部叶大体持平，一方面因烟叶含水量略低于中部叶，导致转化酶活性略低于中部叶从而物质转化慢于中部叶，这使得单位时间内干物质损耗会略低于中部叶，另一方面又因其变黄时间长于中部叶而导致损耗时间更长，因此总的来说，在烘烤过程中上部叶干物质损失量与中部叶干物质损失量差异不大。整个烘烤过程干物质的损耗量约为20%—30%，也有可能达30%以上，其原因主要是当前密集烘烤的烘烤时间较原常规烘烤时间更长，干物质损失量更多。烘烤过程中干物质的损失量主要受烘烤工艺和烟叶成熟度的影响。

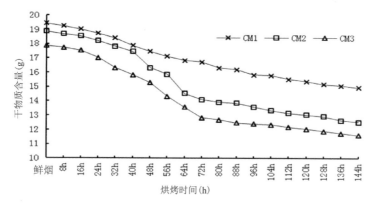

图 2-1-41　烘烤过程中烟叶干物质含量变化（威宁，云烟116）

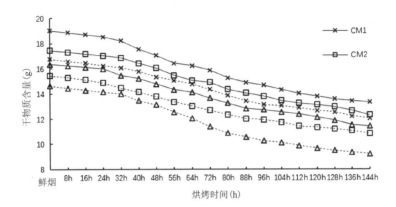

图 2-1-42 烘烤过程中烟叶干物质含量变化（大方，云烟 116）

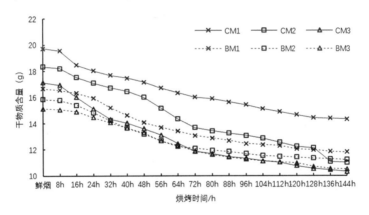

图 2-1-43 烘烤过程中烟叶干物质含量变化（镇远，云烟 87）

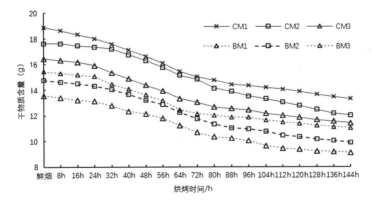

图 2-1-44 烘烤过程中烟叶干物质含量变化（瓮安，云烟 87）

9.密集烘烤过程中烟叶主要化学成分变化规律

（1）主要碳水化合物的变化

碳水化合物是烟叶中的主要化学成分之一，包括淀粉、总糖、还原糖、木质素、纤维素、糊精等，在烘烤过程中会发生显著变化，碳水化合物在烘烤过程中的分解、转化、消耗和积累状况决定着烟叶的内在品质和外观质量的优劣。一般来说，烟叶中淀粉含量会随烘烤时间的推移而逐渐减少，总糖、还原糖含量则相应增加。

淀粉含量在烘烤过程中呈"慢—快—慢"的下降趋势（见图 2-1-45、图2-1-46）。这与淀粉酶活性的变化规律有直接关系，在整个烘烤过程中，淀粉含量由开始的约 24% 下降到定色结束时的 5% 左右；不同品种烟叶的淀粉含量变化差异不大，不同成熟度的烟叶淀粉含量变化差异主要来自成熟度淀粉含量的差异及含水量对酶活性影响的差异；上部叶起初的淀粉含量高于中部叶，其原因与该烟区上部叶成熟度要求较高有一定关系。

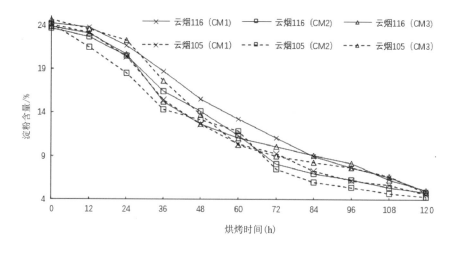

图 2-1-45　烘烤过程中烟叶淀粉含量变化（咸宁）

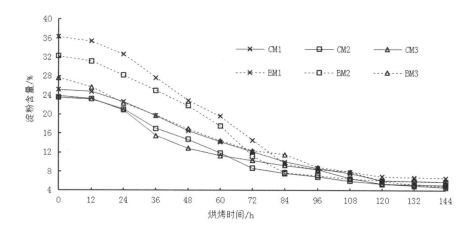

图 2-1-46　烘烤过程中烟叶淀粉含量变化（镇远，云烟 87）

在烘烤过程中的变黄期间总糖、还原糖含量逐渐增加，进入定色期后又略有下降的趋势（见图 2-1-47、图 2-1-48）。糖的积累（增加）是淀粉分解为糖的结果，而后期之所以略有下降，其原因可能是在定色时仍然受呼吸作用的影响而继续消耗，同时也受烟叶体内其他化学成分含量变化的影响，从而导致了淀粉含量占干物质总量比例发生变化。

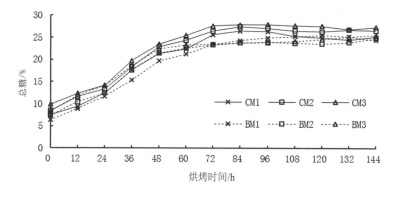

图 2-1-47　烘烤过程中烟叶总糖含量变化（镇远，云烟 87）

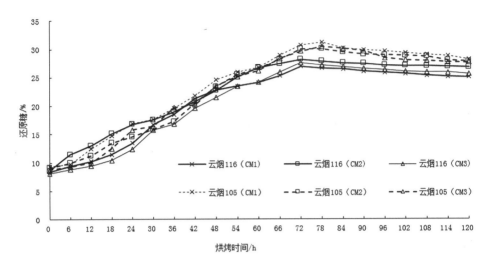

图 2-1-48　烘烤过程中烟叶总糖含量变化（镇远，云烟 87）

（2）烟叶烘烤过程中含氮化合物的变化

烟叶中含氮化合物是烟叶体内的重要化学成分，主要包括蛋白质、烟碱、叶绿素等，一般情况下蛋白质、叶绿素在烘烤过程中会减少，其原因主要是蛋白质、叶绿素分别在蛋白酶、肽酶或叶绿素酶作用下分解为氨基酸或叶黄素、胡萝卜素等。烟碱在烘烤过程中是相对稳定的成分，其含量主要受总干物质含量变化的影响，但也有研究表明，烟碱也会在高温下发生氧化转化，因此也会导致其绝对量的减少。

不同品种烟叶在烘烤过程中总氮含量均呈逐渐下降的趋势（见图 2-1-49、2-1-50）。上部叶高于中部叶，即部位越高，总氮含量就越高；总氮含量随成熟度提高而下降，表现为 CM3>CM2>CM1；不同品种的总氮含量存在差异，云烟 105 大于云烟 116；从生态区来看，威宁烟区总氮含量下降速率较镇远烟区快些，分别为 0.006%/h—0.0067%/h 和 0.0035%/h—0.0064%/h，含量下降的幅度也更大些。

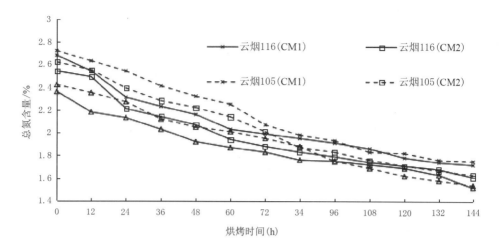

图 2-1-49　烘烤过程中烟叶总氮含量变化（威宁）

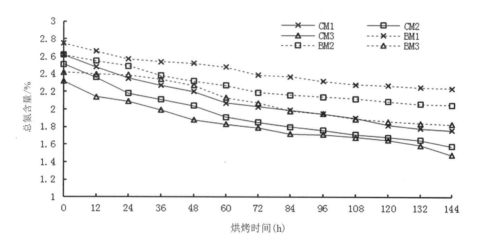

图 2-1-50　烘烤过程中烟叶总氮含量变化（镇远，云烟 87）

　　烘烤过程中蛋白质的含量呈先快后慢的下降趋势，变黄期是其下降的主要时期，约占下降总量的 80% 左右（见图 2-1-51、图 2-1-52）。不同品种不同部位的蛋白质含量存在差异，如云烟 105 高于云烟 116，上部叶高于中部叶；不同成熟度蛋白质的含量的变化趋势是随成熟度的提高，其含量逐渐下降的；而不同生态区蛋白质含量接近，如采收时威宁烟区、镇远烟区的蛋白质含量接近，但在烘烤过程中威宁烟区的烟叶蛋白质含量下降速率更快些，定色结束后，威宁烟区烟叶蛋白质含量约为9%—11%，而镇远未熟上部叶蛋白质含量可高达14%，这与总氮的变化具有一致性。

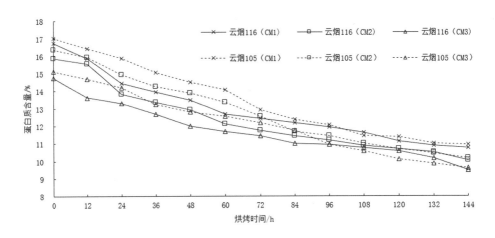

图 2-1-51　烘烤过程中烟叶蛋白质含量变化（威宁）

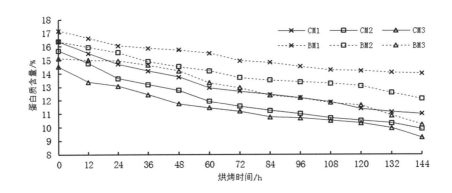

图 2-1-52　烘烤过程中烟叶蛋白质含量变化（镇远，云烟 87）

经试验检测表明，烘烤过程中烟叶烟碱含量是有所下降的（见图 2-1-53、图 2-1-54）。且不同品种、不同部位、不同成熟度、不同生态区存在差异，具体表现为：不同品种其烟碱含量不同，云烟 116 略高于云烟 105；随部位的升高烟碱含量增加，随成熟度的提高烟碱含量下降，从这点上看，控制采收成熟度可对烟叶烟碱含量进行调控；不同生态区烟碱含量在烘烤过程中的下降速率也有差异，在烘烤过程威宁烟区烟叶下降速率更快些，其下降的幅度也更大些。有研究认为，烟叶烟碱含量在烘烤过程中是相对稳定的，但也有研究认为，烟碱含量在烘烤过程中存在变化，其含量的升高与下降主要与烟叶在烘烤过程中干物质总量的变化有关，同时也可能出现因为烟碱在烘烤过程中发生氧化而消失的现象。

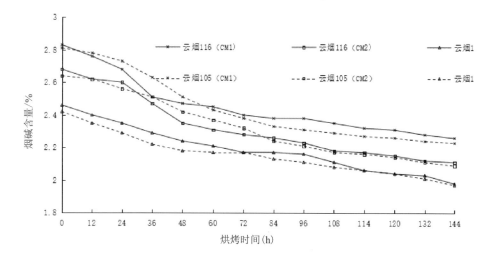

图 2-1-53 烘烤过程中烟叶烟碱含量变化（威宁）

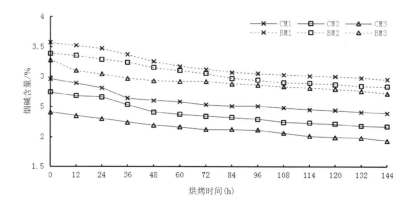

图 2-1-54 烘烤过程中烟叶烟碱含量变化（镇远，云烟 87）

（3）烘烤过程中钾含量变化

烤烟是喜钾作物，在一定范围内，烟叶的钾含量会对烟叶的色泽、香气、燃烧性、柔软性产生一定的影响。通常认为钾的绝对含量在烘烤过程中没有显著变化，但其相对含量会随着烘烤时间的延长而增加，这是因为烟叶在烘烤过程中干物质的转化和消耗的幅度大于钾含量减少的幅度而造成的。

钾在烘烤过程中随时间的推移呈缓慢上升趋势，增长率约为10%—15%（见图2-1-56、图2-1-57）。不同品种烟叶的钾含量存在差异，这与品种特性有关；不同成熟度的烟叶在烘烤过程中钾含量的变化因生态区的不同而不同，如无论烤前与烤后，威宁烟区烟叶均表现为钾含量随成熟度提高而呈现先升后降趋势，而镇远烟区烟叶钾含量则呈现逐渐上升趋势。钾含量的增加除了与烟叶烘烤过程中干物质的损耗量有关外，还可能与各烟区上部叶成熟前后气候条件有关。

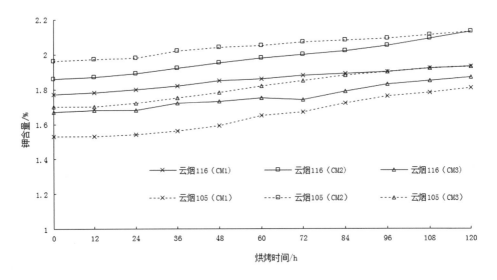

图 2-1-55 烘烤过程中烟叶钾含量变化（威宁）

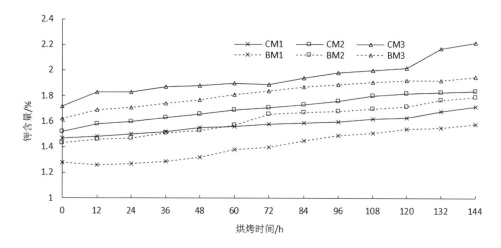

图 2-1-56　烘烤过程中烟叶钾含量变化（镇远，云烟 87）

第二节　海拔高度对烟叶理化特征的影响

1. 烟叶物理性状分析

烟叶物理特性是反映烟叶加工性能的重要指标。

（1）下部烟叶

由表 2-1-12 可知，不同品种（系）在不同的海拔条件下，下部烟叶物检分析结果表明，云烟 87（简称云 87）和 9098 下部烟叶物检指标因海拔变化存在差异，云 87 下部烟叶物检指标（叶长、叶宽、单叶重、含梗率和叶面密度）均表现出高海拔（1200m）地区大于中海拔（950m）地区，9098 下部烟叶物检指标因海拔变化不明显。比较不同品种（系）物检指标变化规律发现，相较于云 87，9098 烟叶叶长较短，但叶宽较宽，体现了 9098 叶片宽圆的外观特征；其次 9098 烟叶含梗率和叶面密度明显低于云 87，不同海拔下 9098 含梗率均较云 87 低 2 个百分点左右，而叶面密度更是低于云 87 品种，说明 9098 下部叶比较薄。

表 2-1-12　不同品种（系）在不同海拔条件下下部烟叶物检结果

品种	烟叶等级	海拔（m）	叶长（cm）	叶宽（cm）	单叶重（g）	含梗率（%）	叶面密度（g/m²）
云 87	X2F	950	56.60	20.46	6.85	28.82	60.44
云 87	X2F	1200	60.84	22.06	9.59	29.75	71.09
9098	X2F	950	57.32	24.02	8.21	26.07	52.80
9098	X2F	1200	57.32	22.98	7.86	27.86	53.35

（2）中部烟叶

据中部烟叶物检分析结果表明（见表 2-1-13），在不同海拔的条件下，中部叶随着海拔的变化而变化的特征并不明显，但品种之间有所差异。较为明显的，云 87 品种中部叶单叶重略高于 K326 和 9098，K326 和 9098 两品种（系）之间单叶重相当；另外，9098 品种含梗率和叶面密度均低于云 87 和 K326，其中含梗率低于 3%，而叶面密度则低 10 g/m² 左右，云 87 和 K326 两品种之间的含梗率及叶面密度差别不大。

表 2-1-13　不同品种（系）在不同海拔条件下中部烟叶物检结果

品种	烟叶等级	海拔（m）	叶长（cm）	叶宽（cm）	单叶重（g）	含梗率（%）	叶面密度（g/m²）
云 87	C3F	650	64.88	20.52	10.46	29.50	82.55
云 87	C3F	950	62.64	21.36	10.06	28.84	75.95
云 87	C3F	1200	64.60	21.84	11.10	29.46	81.74
K326	C3F	650	64.71	20.69	9.76	27.48	80.46
K326	C3F	950	63.25	21.53	10.97	31.12	81.72

续表

品种	烟叶等级	海拔 （m）	叶长 （cm）	叶宽 （cm）	单叶重 （g）	含梗率 （%）	叶面密度 （g/m²）
K326	C3F	1200	62.85	22.58	9.85	29.06	73.05
9098	C3F	950	61.12	24.09	10.75	26.00	66.81
9098	C3F	1200	59.92	20.44	9.51	26.38	74.68

（3）上部烟叶

不同品种（系）在不同海拔条件下上部烟叶物检分析结果表明（见表2-1-14），9098品种叶片宽圆特征不明显，其单叶重大于K326，略低于云87，叶面密度略低于云87和K326，但没有中部叶和下部叶的差异那么明显。

表 2-1-14 不同品种在不同海拔条件下上部烟叶物检结果

品种	烟叶等级	海拔 （m）	叶长 （cm）	叶宽 （cm）	单叶重 （g）	含梗率 （%）	叶面密度 （g/m²）
云87	B2F	650	68.19	19.74	19.05	21.34	120.27
云87	B2F	950	65.38	20.20	16.00	23.62	106.45
云87	B2F	1200	69.00	19.45	17.42	23.64	110.43
K326	B2F	650	64.11	18.47	14.80	24.38	105.59
K326	B2F	950	65.42	20.12	14.99	29.25	96.29
K326	B2F	1200	63.80	18.71	14.16	24.99	101.14
9098	B2F	950	63.90	18.39	16.83	24.10	102.90
9098	B2F	1200	63.33	19.33	15.66	24.96	95.53

2. 烟叶理化指标分析

烟叶的化学成分是决定烟叶品质的内在因素，烟草的类型、栽培、调制和加工等因素都会对烟叶化学成分产生重要影响。烟叶化学成分的研究对烟草栽培和工业生产具有重要的意义。

由表2-1-15可知，不同品种下部烟叶理化指标因海拔高度不同呈现出不同的变化，云87品种中烟碱、总糖、还原糖及淀粉含量随海拔升高有所升高，9098却呈相反的趋势；此外，两品种（系）烟叶总氮、钾和氯含量均随海拔的升高而有所升高，表明不同品种（系）理化指标因海拔差异的变化规律有所不同。

表2-1-15　不同品种在不同海拔条件下下部烟叶理化指标

品种	烟叶等级	海拔（m）	烟碱（%）	总糖（%）	还原糖（%）	总氮（N%）	钾（K%）	氯（CL%）	淀粉（%）
云87	X2F	950	2.27	25.57	24.29	2.00	1.84	0.30	3.04
云87	X2F	1200	2.61	28.21	25.44	1.87	2.11	0.35	5.30
9098	X2F	950	2.63	24.06	21.74	2.19	2.44	0.66	2.52
9098	X2F	1200	2.54	22.78	21.24	2.26	2.64	0.72	1.80

由表2-1-16可知，不同海拔的不同品种的中部烟叶理化指标并无明显的变化规律。云87品种随着海拔的升高烟碱含量呈小幅度降低的趋势，但绝对值差异并不明显，"两糖"及淀粉含量最低点的海拔为950m；K326品种中部叶烟碱含量最高点的海拔为950m，其"两糖"及淀粉含量与云87的含量变化趋势一致。仅有海拔950m和1200m的烟区生产9098品系，比较发现，海拔1200m烟区的烟叶烟碱和总氮含量高，"两糖"和淀粉含量低。

表 2-1-16　铜仁印江 [①] 不同品种在不同海拔条件下中部烟叶理化指标

品种	烟叶等级	海拔（m）	烟碱（%）	总糖（%）	还原糖（%）	总氮（N%）	钾（K%）	氯（Cl%）	淀粉（%）
云 87	C3F	650	3.08	28.29	21.95	1.88	1.53	0.28	4.41
云 87	C3F	950	2.88	26.02	23.11	1.90	2.05	0.95	3.29
云 87	C3F	1200	2.84	30.88	25.30	1.90	2.06	0.37	5.62
K326	C3F	650	2.14	35.34	22.91	1.57	2.16	0.24	7.12
K326	C3F	950	2.93	28.71	23.39	1.74	1.95	0.78	4.90
K326	C3F	1200	2.14	36.06	22.48	1.60	2.30	0.38	5.29
9098	C3F	950	2.64	28.40	24.00	1.92	2.15	0.48	6.60
9098	C3F	1200	3.23	24.00	21.43	2.13	1.91	0.58	4.99

由表 2-1-17 可知，不同品种烟叶理化指标因海拔而异，其变化规律数中海拔烟区最为明显。如在中海拔烟区，云 87 上部烟叶烟碱含量最高，K326 上部烟叶烟碱含量最低，二者表现出相反的趋势；云 87 和 K326 的"两糖"含量受海拔的影响不大，中海拔烟区烟叶的"两糖"含量最高。与"两糖"含量受海拔影响的规律恰好相反的是，云 87 和 K326 两个品种的烟叶总氮含量在中海拔烟区最低。

表 2-1-17　不同品种在不同海拔条件下上部烟叶理化指标

品种	烟叶等级	海拔（m）	烟碱（%）	总糖（%）	还原糖（%）	总氮（N%）	钾（K%）	氯（Cl%）	淀粉（%）
云 87	B2F	650	3.58	21.67	20.95	2.31	1.68	0.82	7.18
云 87	B2F	950	4.04	23.89	22.65	2.23	1.70	1.04	5.40

---

① 全称为铜仁市印江土家族苗族自治县。

续表

品种	烟叶等级	海拔 （m）	烟碱 （%）	总糖 （%）	还原糖 （%）	总氮 （N%）	钾 （K%）	氯 （Cl%）	淀粉 （%）
云 87	B2F	1200	3.83	18.75	17.69	2.69	2.01	0.64	5.23
K326	B2F	650	4.57	22.36	20.88	2.43	1.23	0.41	4.50
K326	B2F	950	3.99	24.90	22.71	2.07	1.18	0.80	3.60
K326	B2F	1200	4.82	20.97	19.51	2.62	1.21	0.48	3.88
9098	B2F	950	5.43	15.02	14.71	2.91	1.42	0.84	4.74
9098	B2F	1200	4.86	15.41	15.32	2.86	1.54	0.74	4.89

综上所述，不同品种上部烟叶理化指标在不同海拔条件下没有体现出明显的规律性，但在大部分指标中，均发现中海拔烟叶理化指标并未"居中"。

3. 烟叶多酚类物质

在烟草中发现的酚类物质包括单宁类（绿原酸的异构体、莨菪亭和莨菪亭的糖苷衍生物）、黄酮类（芸香苷、黄酮、黄酮醇）、花色素类（花色素 -3- 芸香糖苷、花葵素 -3- 芸香苷）和简单衍生物等。多酚类物质在烟草中的含量以绿原酸、芸香苷和莨菪亭为主，其中绿原酸占总多酚的 75%—90%。在烤烟中含有 3% 或更高的绿原酸，1% 左右的芸香苷和少量的莨菪亭，烤烟多酚化合物含量的多少与品质存在一定关系，多酚化合物的积累直接影响烤烟的外在质量和内在质量。

（1）不同品种（系）在不同海拔条件下的下部烟叶多酚指标分析

由表 2-1-18 可知，不同品种（系）在不同海拔条件下，下部烟叶多酚指标含量不同，云 87 和 9098 在 950m、1200m 两个海拔烟区的差异较为明显。整体而言，下部烟叶多酚总量及总多酚含量在海拔为 1200m 的烟区均低于海拔为 950m 的烟区，如新绿原酸、绿原酸、芸香苷和莰菲醇 3-O- 芸香糖苷，其中，多酚总量和绿原酸含量绝对值差异最大。总多酚含量有随卷烟品质、档次增加而提高的趋势。

表 2-1-18　不同品种（系）在不同海拔条件下下部烟叶多酚指标（mg/g）

品种	烟叶等级	海拔（m）	总多酚含量	新绿原酸	绿原酸	4-O-咖啡奎宁酸	莨菪亭	芸香苷	莰菲醇3-O-芸香糖苷
云87	X2F	950m	30.80	2.40	15.56	3.95	0.15	8.03	0.72
云87	X2F	1200m	24.36	1.95	11.22	2.89	0.13	7.56	0.60
9098	X2F	950m	22.10	2.37	9.55	3.55	0.18	6.02	0.44
9098	X2F	1200m	20.98	2.34	8.66	3.56	0.24	5.75	0.43

（2）不同品种（系）在不同海拔条件下中部烟叶多酚指标分析

由表 2-1-19 可知，云 87 中部烟叶中的多酚总量、新绿原酸、绿原酸、4-O-咖啡奎宁酸含量由高到低分别为中海拔、高海拔、低海拔；而 K326 中多酚总量、新绿原酸、绿原酸、4-O-咖啡奎宁酸含量由高到低依次为高海拔、中海拔、低海拔，即海拔越高，含量越高，与云 87 不同。同时，9098 品系中多酚总量、新绿原酸、绿原酸、4-O-咖啡奎宁酸含量表现为海拔越低，含量越高，与 K326 则恰好相反。不同品种烟叶的芸香苷和莰菲醇 3-O- 芸香糖苷含量在不同海拔下的差异也因品种而异，在云 87 中烟叶的芸香苷和莰菲醇 3-O- 芸香糖苷含量由高到低依次是低海拔、中海拔、高海拔；在 K326 中由高到低依次是高海拔、低海拔、中海拔。尽管不同品种的多酚含量在不同海拔条件下存在差异，但仍然可以看出，多酚总量、新绿原酸、绿原酸、4-O-咖啡奎宁酸含量与海拔的变化规律是一致的；另外，芸香苷和莰菲醇 3-O- 芸香糖苷含量的变化也是一致的。

表 2-1-19　不同品种（系）在不同海拔条件下中部烟叶多酚指标（mg/g）

品种	烟叶等级	海拔（m）	总多酚含量	新绿原酸	绿原酸	4-O-咖啡奎宁酸	莨菪亭	芸香苷	莰菲醇3-o-芸香糖苷
云87	C3F	650M	18.99	1.41	7.92	2.10	0.10	6.94	0.53
云87	C3F	950M	22.08	1.70	10.46	2.57	0.09	6.75	0.51
云87	C3F	1200M	20.12	1.50	9.45	2.33	0.09	6.34	0.41
K326	C3F	650M	19.75	1.61	9.36	2.36	0.04	6.01	0.38
K326	C3F	950M	19.72	1.84	9.48	2.75	0.08	5.22	0.36
K326	C3F	1200M	22.08	1.94	10.04	2.80	0.04	6.81	0.44
9098	C3F	950	21.82	2.25	10.50	3.30	0.14	5.26	0.37
9098	C3F	1200m	19.95	2.14	9.61	3.04	0.15	4.62	0.38

（3）不同品种在不同海拔条件下的上部烟叶多酚指标分析

由表 2-1-20 可知，不同品种在不同海拔条件下，上部烟叶多酚含量有所不同。云 87 和 K326 多酚总量、新绿原酸、绿原酸、4-O- 咖啡奎宁酸含量在不同海拔下的变化规律基本一致，即在中海拔条件下的含量最高，其次是高海拔和低海拔。莨菪亭含量与多酚总含量的变化规律恰好相反，中海拔条件下其含量最低。云 87 烟叶中的芸香苷和莰菲醇 3-O- 芸香糖苷含量随海拔升高而逐渐升高。

表 2-1-20　不同品种（系）在不同海拔条件下上部烟叶多酚指标（mg/g）

品种	烟叶等级	海拔（m）	总多酚含量	新绿原酸	绿原酸	4-O-咖啡奎宁酸	莨菪亭	芸香苷	莰菲醇3-O-芸香糖苷
云 87	B2F	650m	20.53	1.02	7.95	1.54	0.27	9.25	0.49
云 87	B2F	950m	24.68	1.31	10.65	2.04	0.20	9.94	0.54
云 87	B2F	1200m	22.01	1.12	8.27	1.58	0.34	10.15	0.53
K326	B2F	650m	18.21	1.26	7.01	1.69	0.26	7.48	0.51
K326	B2F	950m	24.31	1.52	10.04	2.45	0.11	9.58	0.62
K326	B2F	1200m	19.30	1.38	7.41	1.96	0.24	7.79	0.52
9098	B2F	950m	17.70	1.34	6.69	1.92	0.32	7.04	0.41
9098	B2F	1200m	18.15	1.35	7.50	1.84	0.32	6.70	0.43

4. 烟叶感官质量

烟叶感官质量是指烟支在燃吸过程中产生的主流烟气对人体感官产生的综合感受，如香气的质和量、口感的舒适程度等。此外，还包括一些代表产品风格特征的因素，如香气类型和风格、烟气浓度和劲头大小等。感官质量是卷烟产品质量的重要组成部分，也是产品质量的基础和核心。

（1）云 87

风格特征：以干草香、正甜香、木香、辛香为主体香韵，辅以青香香韵，正甜香香韵稍明显，中间香型尚显著；香气悬浮；烟气浓度和劲头中等。

品质特征：

①中部烟：香气质稍好到尚好、香气量尚足、尚透发；烟气尚细腻、尚柔

和、尚圆润；稍有刺激性和干燥感，余味尚净尚舒适；微有青杂气、生青气和木质气。

②上部烟：香气质稍好到尚好、香气量尚足、尚透发；烟气稍细腻到尚细腻、稍柔和到尚柔和、稍圆润到尚圆润；稍有刺激性和干燥感，余味稍净稍舒适到尚净尚舒适；杂气稍有到微有。

总体而言，中部烟叶总体随着海拔高度的上升，其风格特征和品质特征逐渐减弱，主要体现在香气质和香气量逐渐降低，柔和程度、圆润感和余味逐渐降低，刺激性增大。

上部烟叶品质特征以海拔950m为最优，主要体现在香气量、细腻程度、余味较好，刺激性和干燥感较弱；海拔1200m时烟叶品质特征最差，主要体现在劲头较大，香气质、香气量、细腻程度、柔和程度、圆润感和余味较差，杂气、刺激性和干燥感较明显。

（2）K326

风格特征：以干草香、正甜香、木香、辛香为主体香韵，辅以青香香韵，正甜香香韵稍明显，中间香型尚显著，香气悬浮；烟气浓度和劲头中等。

品质特征：

①中部烟：香气质稍好到尚好、香气量尚足、尚透发；烟气稍细腻到尚细腻、尚柔和、尚圆润；稍有刺激性和干燥感，余味尚净尚舒适；微有青杂气、生青气和木质气。

②上部烟：香气质稍好到尚好、香气量尚足、尚透发；烟气稍细腻、稍柔和、稍圆润；稍有刺激性和干燥感，余味稍净稍舒适到尚净尚舒适；杂气稍有到微有。

中部烟叶随着海拔高度的上升，其风格特征逐渐减弱，主要体现在烟气浓度逐渐降低；品质特征随着海拔高度的上升而逐渐提升，主要体现在香气质、细腻程度、柔和程度提升，刺激性减弱。

海拔950m时的上部烟叶的品质特征为最优，主要体现在细腻程度、柔和程度、圆润感和余味较好，刺激性和干燥感较弱；海拔650m时的烟叶品质特征最差，主要体现在劲头较大，香气质较弱，细腻程度、柔和程度和圆润感较差，刺激性较强。

（3）9098品系

风格特征：以干草香、正甜香、木香、辛香为主体香韵，辅以青香香韵，正甜香香韵稍明显，中间香型尚显著，香气悬浮；烟气浓度和劲头中等。

品质特征：

①中部烟：香气质尚好、香气量尚足、尚透发；烟气尚细腻、尚柔和、尚圆润；稍有刺激性和干燥感，余味尚净尚舒适；微有青杂气、生青气和木质气。

②上部烟：香气质稍好到尚好、香气量尚足、尚透发；烟气稍细腻到尚细腻、稍柔和到尚柔和、稍圆润到尚圆润；稍有刺激性，干燥感有到稍有，余味稍净稍舒适到尚净尚舒适；杂气稍有到微有。

中部烟叶风格特征表现为海拔1200m的烟区略优于海拔950m的烟区，体现在烟气浓度有所提高和青香香韵略微增强；品质特征则表现为海拔900m的烟区略优于海拔1200m的烟区，主要体现在烟气刺激性、干燥感有所减弱。

上部烟叶品质特征随着海拔高度的上升逐渐提高，以海拔1200m时为最优。主要体现在香气质、香气量和透发性逐渐提高，细腻程度、柔和程度、圆润感和余味逐渐提高，杂气、刺激性和干燥感逐渐减弱。

（4）总体评价

①中部烟：9098中部烟叶的整体感官质量优于云87和K326中部烟叶，尤其表现在正甜香韵优于其他两品种，香气质、香气量、透发性略优于云87和K326中部烟叶。

②上部烟：海拔950m时的9098上部烟叶品质特征略优于K326上部烟叶，稍弱于云87上部烟叶；海拔1200m时的9098上部烟叶品质特征优于K326和云87上部烟叶。

③在铜仁印江烟区9098整体表现优于K326，稍弱于云87。与云87相比，其烟气浓度、香气量和透发性优于云87，但香气质整体有待进一步提升。

5. 小结

在贵州省铜仁市印江合水基地单元，选择了 3 个具有海拔代表性的烟区，其海拔分别为 650m、950m 和 1250m，在这些烟区中，云烟 87、K326 和 9098 三个品种以海拔为 950m 的烟产地的烤烟发育最为充分，云烟 87 和 K326 初烤烟叶亩均产量分别为 154 kg 和 175 kg，烟叶均价分别为 30.63 元/kg 和 28.94 元/kg，亩均产值分别为 4722 元和 5064 元，这些表明海拔在 950m 的烟产地其经济效益最优。

9098 中上部烟叶叶面密度比 K326 平均降低了 9.78% 和 1.78%；9098 的 X2F、C3F 和 B2F 分别比云烟 87 平均减小了 19.29%、11.66% 和 11.72%；与云烟 87 和 K326 比较，9098 各部位烟叶轻重特征突出，单叶重偏低。

云烟 87、K326 和 9098 的 C3F 烟叶化学协调性较好，总体满足江苏中烟质量需求。云烟 87、K326 和 9098 上部叶平均烟碱含量分别为 3.82%、4.46% 和 5.15%，其中，K326 和 9098 超出了江苏中烟贵州基地 B2F 烟碱需求目标；云烟 87 和 K326 上部烟叶均以海拔烟区 950m 时的总糖和还原糖含量最高。云烟 87 以总多酚含量最高，K326 上部叶以海拔烟区为 950m 的烟叶总多酚含量最高。

云烟 87 和 K326 上部烟叶均以海拔 950m 时的感官品质最优，主要体现在香气量、细腻程度、余味较好，刺激性和干燥感较弱，满足江苏中烟细支烟原料的需求。

第三节　装烟密度和烘烤工艺优化集成示范研究

2019 年，研究组在遵义市凤冈县进行了装烟密度和烘烤工艺试验。结果表明：提高装烟密度有利于提高烟叶化学成分的协调性和改善烟叶外观品质；然而，在烘烤过程中，散叶烘烤的柔软度和收缩性较挂杆烘烤略差，且散叶烘烤的烟叶组织结构也不如高密度的挂杆烘烤。

1. 不同装烟密度烟叶物理性状分析

研究表明（见表 2-1-21、表 2-1-22），不同采收成熟度烟叶物理性状随着装烟密度提高并无明显变化规律。尚熟烟叶叶长、叶宽和长宽比随着装烟密度提高而减小，成熟烟叶的变化则相反；凤冈示范点烟叶单叶重随着装烟密度提高而降低，而石阡示范点烟叶变化则相反；两个示范点的中部烟叶含梗率均表现出高密度处理高于低密度处理的趋势；而叶面密度正好相反，表现为高密度处理烟叶的叶面密度小于低密度处理烟叶的叶面密度。

在不同采收成熟度的烟叶中，上部烟叶物理性状随装烟密度提高呈规律性变化。各成熟度烟叶叶长、叶宽均随装烟密度提高而增大，而长宽比随装烟密度提高而降低，其中成熟烟叶变化差异较大。不同示范点烟叶单叶重和叶面密度均随装烟密度提高而有所提高，凤冈试验点不同密度处理对烟叶含梗率影响不大，而石阡试验点高密度处理烟叶含梗率明显低于低密度处理。

（1）中部叶

表 2-1-21　不同装烟密度下烟叶物理性状（中部叶）

地点	叶长（cm）	叶宽（cm）	长宽比	单叶重（g）	含梗率（%）	叶面密度（g/m²）
凤冈	64.30	20.11	3.20	9.35	29.25	68.76
	67.67	19.27	3.51	7.34	39.27	62.25
石阡	70.95	21.07	3.37	12.32	27.66	84.62
	75.84	21.88	3.47 .	14.65	32.27	82.08

（2）上部叶

表 2-1-22　不同装烟密度下烟叶物理性状分析（上部叶）

地点	处理	叶长（cm）	叶宽（cm）	长宽比	单叶重（g）	含梗率（%）	叶面密度（g/m²）
凤冈	低密度	71.15	21.84	3.26	15.54	27.46	96.15
	高密度	73.59	24.17	3.04	17.08	27.15	92.92
石阡	低密度	70.88	19.24	3.68	16.58	29.36	101.00
	高密度	66.06	20.13	3.28	18.27	26.15	112.51

2. 不同装烟密度下烟叶柔软度分析

如图所示（见图 2-1-57、图 2-1-8），凤冈和石阡两个示范点不同装烟密度对烟叶柔软度值的影响的情况表明，提高烟叶装烟密度有利于降低烟叶柔软度值，改善烟叶的柔软性。

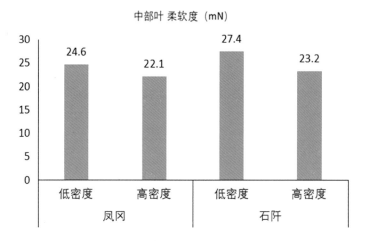

图 2-1-57　不同装烟密度下烟叶柔软度分析（中部叶）

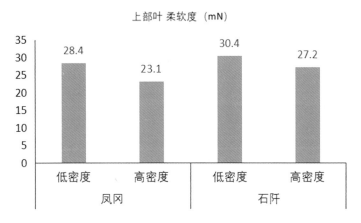

图 2-1-58　不同装烟密度下烟叶柔软度分析（上部叶）

3. 不同装烟密度烟叶化学成分分析

研究表明（见表 2-1-23、表 2-1-24），提高装烟密度处理可明显降低中部烟叶的烟碱含量，但烟叶总氮含量并未发生明显变化；"两糖"含量因密度和成熟度处理的变化趋势不明显，凤冈示范点烟叶"两糖"含量因成熟度差异呈现出不一样的趋势，提高尚熟烟叶的装烟密度，"两糖"含量会升高，淀粉含量降低；提高成熟烟叶的装烟密度，凤岗示范点烟叶"两糖"含量降低，石阡示范点成熟烟叶"两糖"含量因密度提高而升高。

上部烟叶的化学成分含量随装烟密度、采收成熟和试验点的不同均表现出不尽一致的规律。其中，凤冈示范点烟叶烟碱和总氮含量随装烟密度的提高而升高，而石阡点的烟碱和总氮因装烟密度提高呈下降规律；凤冈和石阡两个示范点的上部烟叶"两糖"含量均偏低，但因密度处理并未呈明显变化规律。

（1）中部叶

表 2-1-23　不同装烟密度条件下烟叶化学成分分析（中部叶）

地点	处理	烟碱（%）	总糖（%）	还原糖（%）	总氮（N%）	钾（K%）	淀粉	还原糖/总糖
凤冈	低密度	2.83	24.02	19.84	2.01	1.82	6.31	0.826
	高密度	2.28	18.60	16.83	2.18	2.92	2.16	0.905
石阡	低密度	3.60	25.25	22.56	2.07	1.85	6.09	0.893
	高密度	2.68	32.61	26.30	2.17	1.41	5.47	0.807

（2）上部叶

表 2-1-24　不同装烟密度条件下烟叶化学成分分析（上部叶）

地点	处理	烟碱（%）	总糖（%）	还原糖（%）	总氮（N%）	钾（K%）	淀粉	还原糖/总糖
凤冈	低密度	4.27	18.89	16.96	2.65	1.89	5.02	0.898
	高密度	4.93	14.00	13.28	3.04	1.95	3.16	0.949
石阡	低密度	5.17	14.56	11.39	2.70	1.12	2.39	0.782
	高密度	4.18	18.09	15.32	2.35	1.01	4.30	0.847

4. 不同装烟密度条件下烟叶感官质量分析

研究表明（见表 2-1-25、表 2-1-26），随着装烟密度的提高，中部烟叶感官评吸质量有不同程度的提升；凤冈点高密度处理烟叶感官评析质量提升主要体现在香气质、香气量、吃味和杂气方面，而石阡示范点烟叶感官评析提升主要体现在香气量、吃味、杂气和刺激性方面。与中部叶一样，上部叶随着装烟密度的提高，其感官评析质量有不同程度的提升。凤冈和石阡两个示范点高密度处理烟叶感官评析质量指标在香气质、香气量、吃味、杂气和刺激性方面全面优于低密度处理烟叶。

（1）中部叶

表 2-1-25　不同装烟密度条件下烟叶感官评析指标分析（中部叶）

地点	处理	香气质	香气量	吃味	杂气	刺激性	劲头	燃烧性	灰色	总分
凤冈	低密度	7.1	7.1	7.1	6.4	7.2	适中稍大	较强	灰	34.8
	高密度	7.5	7.6	7.7	6.8	7.2	适中	较强	灰	36.8
石阡	低密度	7.6	7.6	7.4	6.4	6.9	稍大	较强	灰	35.9
	高密度	7.5	8.0	7.8	7.0	7.4	适中稍大	较强	灰	37.7

（2）上部叶

表 2-1-26　不同装烟密度条件下烟叶感官评析指标分析（上部叶）

地点	处理	香气质	香气量	吃味	杂气	刺激性	劲头	燃烧性	灰色	总分
凤冈	低密度	6.0	6.0	5.7	4.7	6.1	较大	较强	灰	28.4
	高密度	6.2	6.2	6.1	5.1	6.8	稍大	较强	灰	30.4
石阡	低密度	6.0	6.0	5.7	4.8	6.5	较大	较强	灰	29.0
	高密度	7.1	7.1	7.1	6.1	6.9	稍大	较强	灰	34.3

5. 不同装烟密度下烟叶经济性状分析

研究表明（见表 2-1-27、表 2-1-28），随着装烟密度的提高，中部烤后烟叶桔黄烟率、上等烟率和均价均有提高，柠檬黄烟率和级外烟率降低。就整体而言，凤冈示范点烤后烟叶上等烟率和均价、级外烟率略高于石阡示范点，其他指标低于石阡点。

随着装烟密度的提高，上部烤后烟叶桔黄烟率、上等烟率和均价均有提高，柠檬黄烟率和级外烟率降低。就整体而言，凤冈示范点上部烤后烟叶桔黄烟率、上等烟率、均价与石阡点的差异较小，而凤冈点级外烟率略高于石阡点，柠檬黄烟率则低于石阡点。

（1）中部叶

表 2-1-27　不同装烟密度下烟叶经济性状分析（中部叶）

地点	处理	桔黄烟率（%）	柠檬黄烟率（%）	级外烟率（%）	上等烟率（%）	均价（元/kg）
凤冈	低密度	72.45	14.24	13.31	73.29	30.32
	高密度	78.31	11.02	10.67	75.34	32.23
石阡	低密度	73.34	15.27	11.39	68.85	28.49
	高密度	80.34	9.66	10	72.43	29.11

（2）上部叶

表 2-1-28　不同装烟密度条件下烟叶经济性状分析（上部叶）

地点	处理	桔黄烟率（%）	柠檬黄烟率（%）	级外烟率（%）	上等烟率（%）	均价（元/kg）
凤冈	低密度	72.11	13.32	14.57	58.67	25.84
	高密度	76.46	10.77	12.77	67.38	26.96
石阡	低密度	71.69	17.98	10.33	60.51	24.11
	高密度	80.23	12.73	7.04	66.23	25.73

第四节 不同烘烤工艺示范结果分析

对于烤烟而言，种植是基础，烘烤是关键，收购是保障，且烘烤是呈现固定烟叶品质的关键性环节。烘烤是将鲜烟叶从农业产品转化为适合卷烟工业使用的原料，生烟叶不能直接作为卷烟原料，只有通过烘烤后的烟叶，再经过加工，这样的烟叶才能用于卷制烟支。农谚说道："烤烟是火中取宝，烤得好一炉宝，烤不好是一炉草。"这生动地说明了烘烤与烟叶品质的密切关系。烟叶烘烤是一个与物理变化相伴随的复杂的生理生化过程，烘烤对鲜烟叶来说，具有四个方面的作用：一是呈现烟叶的外观质量，使烟叶颜色随着烘烤进程由黄绿色（绿黄色）逐渐变为黄色，如果烟叶变黄之后环境条件控制失误，还将变为褐色。二是呈现烟叶的物理质量，烟叶水分不断减少，含水量由最初的膨胀状态（烟叶含水率80%—90%）发展为凋萎发软，直至最后干燥的状态。三是改变烟叶的化学质量，烟叶嗅香由清鲜香气变为浓郁的特殊香气，烟叶颜色和嗅香的变化是烟叶内一系列生化变化和物质转化的结果，属酶促反应过程，这个过程必须在烟叶内部含有一定量的水分、烟叶处于生命活动状态，外部有一定的温度的条件下才能顺利进行。四是确定烟叶的评吸质量，烟叶部分香气物质只有在烘烤过程中才能转化，烘烤工艺是否得当，对烟叶的评吸质量有较大的影响。这四个过程都是不可逆的，同时也是紧密联系、相辅相成的。

一、影响烘烤质量的因素

（一）温度

1. 温度在烘烤中的作用

烟叶烘烤过程中的温度代表了烤房内部空气的冷热程度，反映了烟叶周围空气分子热运动的状况。烤房内的烟叶之所以能够变黄、干燥，烤房内的温度变化发挥着重要的作用。烟叶烘烤是一个稳温和缓慢升温相结合的过程，没有一定时间和相宜温度范围的稳温，特定条件下的烟叶内含物质就得不到充分的分解转化；没有合理的升温，烟叶内部一些尚未分解转化的物质就没有持续完成分解转化的条件，做好稳温与升温科学结合的工作，是烟叶烘烤过程中完成生理生化反应的必要条件。通常情况下，烟叶变黄适宜的温度是 32—45℃，起火后，可尽快将温度上升到 32—35℃，当高温层烟叶失水塌架，叶尖、叶缘变黄 4—6 cm 时，将温度上升到 37—39℃，待高温层烟叶变黄 8—9 成后，将温度升到 43—44℃。烟叶定色阶段的适宜温度为 46—55℃，当高温层烟叶勾尖卷边，全炉烟叶变黄时，可按 0.5℃ /h 左右的升温速度，升到 54—55℃，进行稳温烘烤。烟叶干筋阶段的适宜温度为 56—68℃，当高温层烟叶完全干燥时，按 1℃ /h 左右的升温速度，升到 67—68℃，稳温烘烤，直到全炉烟叶烤干。在烟叶烘烤的变黄阶段，如温度过低，则烟叶内部水分含量大，可阻止氧气的进入，使烟叶产生"硬变黄"的现象，这不利于淀粉、蛋白质的水解，以葡萄糖、果糖和氨基酸为代表的香气原始物质形成量较少，一定程度上降低了烟叶的香味；相反，如在烟叶烘烤的变黄阶段温度过高，烟叶内部水分含量则太少，同样不利于淀粉、蛋白质的降解，香气原始物质形成量也较少，同样也会降低烟叶的香味。烟叶在保持生命活动状态下，尽可能地形成了香气原始物质，并在定色阶段脱水缩合，形成较大量的香气物质，烤后烟叶香味较好。在烟叶烘烤的定色阶段，如果温度过高，烟叶会快速干燥，一方面，香气原始物质脱水缩合形成的香气物质较少，香气量不足；另一方面，香气原始物质剩余量较多，烤后烟叶香气质欠佳。在烟叶烘烤的定色阶段，如果升温速度恰当，温度适宜，则香气原始物质脱水缩合形成的香气物质较多，香气量较足，香气原始物质剩余量较少，烤后烟叶香气质较纯。在烟叶烘烤的干筋阶段，如升温速度过快，温度过高，会使部分香气物质分解转化及挥发，烤后烟叶香气量减少，如升温速度恰当，温度适中，可有效地减少香气物质的分解转化及挥发，烤后烟叶香气量较足。在烟叶烘烤过程中，适当延长变黄时间（延长 37—41℃的温控时间）、定色干燥时间（延长 48—55℃的温控时间），以及在 60—62℃这个温控范围适当稳定一段时间，一方面可达到缩短 68℃干燥时间的目的，另一方面，烤后烟叶香气质较纯，香气量较足，余味较舒适，刺激性也会较小。

2. 烘烤过程中温度的调控

通常我们会根据鲜烟叶质量来控制好起点温度。鲜烟叶质量好，起点温度稍低，反之则稍高，升温速度与烟叶变黄干燥速度要互相适应，变黄快和变黄后易变黑的烟叶升温速度要快，防止其变黑烤枯。烘烤叶片较厚、干物质充实、变黄速度和失水干燥速度慢的烟叶时，升温速度要慢些，以防止升温过快导致烟叶深层变黄不足造成返青现象以及烫伤烟叶，进而影响烟叶品质。

（二）湿度

1. 湿度在烘烤中的作用

烟叶烘烤过程中的湿度，代表了烤房内部空气的干湿程度，反映了烟叶周围空气水分含量的多少。烟叶的失水速度指烤房内的烟叶水分蒸发散失的快慢程度。烤房内的烟叶之所以能够由绿色变为黄色，产生特有的香味，烤房内湿度发挥着非常重要的作用。烟叶烘烤是一个保湿与排湿相结合的过程，物质的分解转化，必须有水分的参与，没有一定时间和相宜范围的保湿，烟叶内一系列的内含物质就不可能得到充分的分解转化；没有排湿，烟叶内部的生理生化反应就会无休止地进行，直到有机物质过度分解转化结束。

烟叶烘烤是一个人为的过程，在烘烤过程中要注意趋利避害，使烟叶的变化朝着人们需要的方向发展是烘烤的目的所在。烘烤人员必须合理地做好保湿与排湿的协调统一工作，合理确定并掌握好适宜的失水速度，才能使烟叶内部的生理生化进程恰到好处，彰显烟叶应有的色、香、味。通常情况下，烟叶变黄阶段适宜的相对湿度是 75%—85%，定色阶段适宜的相对湿度是 30%—69%，干筋阶段适宜的相对湿度是 10%—29%。

2. 湿度与烟叶香味的关系

在烟叶烘烤过程中，烤房湿度影响烟叶的失水速度，湿球温度越高则烟叶失水速度越慢，从而影响烟叶的香味。如果在变黄阶段烟叶失水速度过快，失水量过多，就会影响烟叶的香味，带有强烈的苦涩味和较重的青杂气；如果在定色阶段烟叶失水速度过快，则烤后烟叶有辛辣味，刺激性强，香气质粗糙；如果在变黄阶段、定色阶段，烟叶失水速度恰当，失水量适宜，则烤后烟叶香气量足，香气质纯，余味醇和舒适；如果在变黄阶段、定色阶段，烟叶失水速度迟缓，失水量少，则烤后烟叶香气量不足，辛辣味和刺激性较小。

3. 湿度对淀粉代谢的影响

根据宫长荣等（2003）对烘烤过程中环境湿度和烟叶水分与淀粉代谢的动态研究表明，烘烤环境中相对湿度是淀粉保持一定活性状态的前提条件，而且水分本身又是酶的活化剂，所以烘烤过程中烟叶的水分含量和环境湿度决定着淀粉酶的活性，对淀粉的降解起制约作用。不同变黄的湿度处理，淀粉降解从总体上表现出相同的规律，但在不同的阶段又有所差异，淀粉降解速度快，降解量大，高湿变黄速度慢，降解量小。在淀粉快速降解之后，若延长烤房 48℃和 52—53℃的时间，并保持较高的相对湿度，烟叶淀粉还会进一步降解。变黄阶段环境湿度快速降低，烟叶内淀粉降解较快，但到后期淀粉降解停滞的较早；湿度慢速降低，烟叶内淀粉降解慢，降解持续时间后移，最终表现出较大的降解量。淀粉酶活性在烘烤前期迅速升高并达到高峰，相对湿度低于 75%时淀粉酶活性开始降低，环境湿度低于 70% 后，依然保持着较高活性，不过此后淀粉降解量很小。因此，在淀粉酶活性较高的时期，保持较高的湿度和充足的时间对淀粉降解有着决定性的作用。

　　环境湿度和烟叶水分通过对淀粉酶有效活性的影响，对淀粉降解起着十分重要的作用，到了烘烤中期以后，烘烤环境湿度通过对烟叶水分的协同作用而成为淀粉完全降解的限制因素。在定色后期，只要烟叶自身仍保持足够的水分和烘烤环境有足够的湿度，淀粉就能发生降解。但必须注意，进入定色阶段后，随着温度的上升，脂氧合酶活性的升高和自由基的大量积累而导致膜结构破坏和透性增加，诱导多酚氧化酶活性升高，又可能会加剧多酚氧化酶作用下的棕色化反应。

　　4. 烘烤过程中湿度的调控

　　烟叶含水量较多，湿球温度控制应较低；反之，含水量越少，湿球温度控制应越高。对于叶片较厚、干物质充实、保水强的上部烟叶，湿球温度控制应较高。而叶片较薄，干物质较少、保水力弱水含量高于容易脱水的下部烟叶，湿球温度控制应稍低。对于烘烤质量好的鲜烟叶时，湿球温度控制宜稍高一点，有利于缩小烟叶正反面的色差，使烤后烟叶颜色纯正橘黄、光泽好。根据鲜烟叶的判断结果确定湿球温度后，在烘烤过程中要保持相对稳定，尤其是变黄中期至定色中期，上下波动不应超过 0.5℃。

（三）时间

　　1. 时间在烘烤中的作用

　　对变黄阶段凋萎时机以及延长其变黄阶段与定色阶段烘烤时间对烟叶香气成分的影响的研究表明，烘烤时间延迟，香气成分的总量呈明显增加趋势。"转火"是烟叶烘烤由变黄末期转入定色初期的俗称，转火时机决定了烟叶在变黄阶段所完成的后熟程度，因此十分重要。若转火过早，容易烤青，淀粉残留较多，主要化学成分不协调，香味物质总量较低，明显表现出后熟不够，若转火过迟，烟叶化学成分的协调性受到破坏，且外观性状变差，表现出过熟效应。

2. 烘烤过程中时间的调控

烘烤时间是烟叶烘烤调制加工的重要属性之一，它标志着烟叶内部一系列生理生化反应和物质转化的经历，伴随着烟叶由绿变黄、由黄变干的全过程。在烟叶烘烤过程中，通常需要时长 112—168h，烘烤时间划分为：变黄阶段、定色阶段和干筋阶段。变黄阶段需要 48—72h，定色阶段需要 42—60h，干筋阶段需要 24—36h。

（四）通风

在烘烤的过程中，鲜烟叶中约 90% 以上的水分都通过烤房内外空气介质的对流和交换排除。风速与通风量对烟叶的香味有着重要的影响。通风和风速是烟叶烘烤排湿过程中互为因果关系的两个方面，通风是风速产生的前提条件，风速是通风的必然结果。烤房的通风排湿设备包括进风洞和排气窗，烤房依靠进风洞和排气窗的开度大小来控制排气量和进风量，从而达到调节烤房内空气湿度的目的。通风面积和风速与通风量成正比。进风口处的室内气压小于室外气压，则产生进风；排气窗开口处的室内气压大于室外气压，则产生排湿。排气速度通常为 1.2—1.4 m/s。还有研究表明，通风速度对烟叶香吃味也有较大影响，在烤房内部，当穿过烟层的风速在 0.1—0.2 m/s 时，香吃味较好，风速大于 0.3 m/s，香吃味降低。

烟叶在定色阶段、干筋阶段，如风速过高，通风量过大，则烤后烟叶香气量不足，产生辛辣味；烟叶在定色阶段、干筋阶段，如风速适当，通风量适宜，则烤后烟叶香吃味纯净，香气量足；烟叶在定色阶段、干筋阶段，如风速过低，通风量过小，则烤后烟叶香吃味尚纯净，香气量尚足。

普通烤房空气介质对流主要的动力来源有 3 个，即烤房内外空气的温湿度差和容重差、进风口中心和排气口中心之间的垂直距离差、烤房内风压与室外风压差。室外进入烤房的冷空气经烤房底部的热源加热后，容重和含湿量变小，具有更强的吸收和容纳水分的能力，可以自然上升，进风口与排气口之间的位差促进了热空气向上运动，形成自然空气的通风气流。通风设备的结构形式、体积大小和位置合理与否都会直接影响通风效果，其中包括室内温度场、湿度场的均匀程度，烟叶的干燥速度及均匀程度，进而影响烤后烟叶的质量和烘烤成本。良好的通风状况是烤好烟叶的关键。计算烤房通风排湿量，要以烟叶含有的全部水分和烘烤过程最大失水速度为基础。中国烟叶在正常的烘烤条件下，以定色阶段失水速度最快，失水量最大，通常为每小时 0.9%—1.2%，失水量为 40%—55%，风速以 0.12—0.16 m/s 较为适宜。在烘烤过程中，单位时间内烟叶水分蒸发量必须与空气介质携带水分量相等或相适应，才能保证烟叶的烘烤质量。

二、烘烤工艺对烟叶外观质量的影响

（一）烘烤工艺与烟叶颜色的关系

烟叶颜色指烟叶烘烤后的相关色彩。烟叶的基本色包括柠檬黄、橘黄、红棕、青黄色等。若烟叶在烘烤过程中，在变黄、定色阶段升温排湿速度过快，温度过高，则烟叶变黄不充分。轻则烤后烟叶颜色偏淡，柠檬黄烟叶偏多，重则出现青黄烟或者青筋黄片。烟叶在烘烤过程中，在变黄阶段、定色阶段，升温排湿速度过慢，温度偏低，则烟叶变黄过度。轻则、烟叶叶片变薄，轻度挂灰，重则烟叶叶片重度挂灰或槽片。烟叶在烘烤的干筋阶段，若温度超过73℃、湿球温度超过43℃，则叶黄素和类胡萝卜素进一步氧化分解，一些红色的多酚类物质和氧化的芸香苷就会表现出来，烟叶显现红色，变成烤红烟。若温度过低，主脉含水量多，则在温度较大幅度波动的情况下，容易形成泅筋、泅片。

另外，风速与通风量对烟叶的颜色也有着重要的影响。烟叶在定色、干筋阶段，如果风速过高，通风量过大，则烤后烟叶光泽较鲜明，叶背面呈白色，烟叶正反面色差大，烟叶总体趋向柠檬黄色。烟叶在定色阶段、干筋阶段，如果风速适当，通风量适宜，则烤后烟叶总体趋向橘黄色。烟叶在定色阶段、干筋阶段，如果风速过低，通风量过少，则烤后烟叶光泽暗，颜色偏深，烟叶总体趋向棕黑色。

不少烟区的烟农在烘烤过程中，以颜色作为烟叶烘烤的主攻目标，甚至作为判断烟叶烘烤成败的重要标准。在烟叶收购过程中，追求"黄、鲜、净"曾经在较长时间内是收购市场判断烟叶品质的主流标准。烟叶在烘烤过程中力求形成金黄、橘黄、深黄的烟叶，是烘烤的重要任务之一。

（二）烘烤工艺与烟叶油分的关系

烟叶油分指烟叶组织细胞内含有的一种柔软液体或半液体物质。在烟叶外观上，烟叶油分反映为油润、丰满、枯燥三个程度，是烟叶在一定含水量条件下，人们眼看、手摸有油润或枯燥的不同感觉。烟叶在烘烤过程中，如果升温速度适宜，温湿度组合恰当，在变黄阶段、定色阶段烘烤时间足够可以的情况下，则烟叶内部一系列的大分子物质充分地分解为小分子物质，烟叶表面的油分，自然增加，烟叶柔软，油分多；反之，如果烟叶在变黄阶段、定色阶段时间不够，仅仅是烤黄、烤干，则烟叶内部一系列的大分子物质尚未充分分解转化，烟叶表面的油分自然减少，烤出的烟叶平滑、燥手、油分少。烟叶油分的多少与烟叶烘烤时间的长短、烟叶烘烤过程中湿度的大小以及强制热风循环的风速密切相关。因此提高烤后烟叶油分是烘烤目标的重要内容之一。

（三）烘烤工艺与烟叶色度的关系

色度是指烟叶表面颜色的均匀程度、饱和程度和光泽强度，给人们视觉反映的强弱程度。均匀程度指烟叶表面颜色均匀一致的状态；饱和程度指颜色的鲜艳状态；光泽强度指视觉对颜色的反映强弱状态。色度档次划分为浓、强、中、弱、淡 5 个档次。烟叶在烘烤过程中，如果升温速度适宜，温湿度组合恰当，则烟叶内部一系列的大分子物质分解转化为小分子物质，挥发油和树脂增加，烤后烟叶光泽好，色度强；反之，烟叶在烘烤过程中，如果遇到低温高湿或高温高湿的环境，则烟叶表面挥发油、树脂自然消耗过多，烘烤后烟叶光泽暗，色度弱。色度的强弱与油分状态密切相关，油分多的烟叶色泽饱和，视觉色彩反映强，色度就强；油分少的烟叶光泽暗，色度就弱。

目前推广使用的密集型自动化烤房，烤后烟叶比普通烤房色泽鲜亮，是因为烟叶在烘烤的定色阶段，烟叶表面的附着水，在强制性热风循环的作用下迅速排出，减少了挥发油和树脂的自然消耗。烘烤工艺对色度的改善有着重要的影响，提高烟叶色度是烘烤的重要目标之一。

三、烘烤工艺的发展历程

（一）多段式烘烤工艺

多段式烘烤工艺主要以小阶梯多段升温工艺模式为主，其工艺阶段划分较细较多，有的烟区也叫小阶段烘烤模式。它把整个烘烤过程中的变黄阶段细分为变黄前期、变黄中期及变黄后期，定色阶段分为定色前期、定色后期，以及将干筋阶段细分为干筋前期、干筋后期。

变黄阶段：变黄阶段干球温度为36—45℃，湿球温度36—38℃。变黄前期干球温度为37—40℃时，烟叶失水凋萎，变黄程度较小；变黄中期干球温度40—42℃，强调二台叶变黄7—8成，充分塌架（即主筋变软）；变黄后期干球温度42—45℃，烟叶变黄到青筋黄片且勾尖卷边软卷筒状态，干湿球温度差控制在6℃左右。45℃时转入定色温度。

定色阶段：定色阶段干球温度为45—55℃，湿球温度38—40℃，在定色前期的45—49℃温度段，强调黄烟等青烟，稳温稳湿延长时间，并在50℃前干燥到小卷筒状态。定色后期干球温度50—55℃，稳定湿球温度39℃左右不动，使其变为二台烟叶大卷筒。

干筋阶段：干筋阶段温度较传统烘烤的72—75℃略低，干球温度控制在

70℃以下。多段式烘烤工艺技术的显著特点是在低温条件下变黄程度低，在干球温度40℃以后烟叶大量变黄；干筋阶段强调快速排湿，"先拿水后拿色"，这就与失水、变黄协调一致，能较妥善地使叶片薄、含水量大、内含物质少的烟叶不烤黑。

多段烘烤工艺不足之处：首先变黄温度高，变黄不充分，特别是缩短了形成香气原始物质的38—40℃和缩合形成香气物质的50—55℃的这两个温度段的时间，使香味欠佳，烟叶外观颜色也较浅。另外，多段式烘烤工艺以快黄快干为基本的技术措施，仅简单地要求烤黄烤干，使烟叶内含物转化不充分，特别影响外观质量的叶绿素残留，烤后浮青、纹青、青背、青筋现象较重，因而烟叶内在质量的青杂气难以消除。

（二）五段式烘烤工艺

五段式烘烤工艺是在吸取国外低温慢烤的先进技术基础上，继承前人经验中烘烤工艺的精华从而改进的烘烤工艺，比多段式烘烤工艺更具先进性和可操作性。

五段式烘烤工艺把烘烤过程明确地划分为两个变黄（底台叶变黄、二台叶变黄）、两个干燥（干叶、干筋）和一个过渡（44—48℃）五个阶段。

在实际操作中温度不是固定的，对于不同素质烟叶，其各阶段所需温度是不同的，两个温度点之间没有升温过渡时间。

第一阶段是底台烟叶变黄阶段，干球温度为32—38℃，主要任务是使底台烟叶脱水凋萎并变黄8成左右。根据烟叶素质而灵活掌握其控制指标，素质好的烟叶干球温度可适当低些，32℃较为适宜，稳温时间可以稍长些，变黄程度可到8成，以促进内含物质转化，形成较多的香气前体物质，把烟叶烤香；素质较差的烟叶，必须在高温下稳温烘烤（即在38℃稳温），稳温时间不宜过长，变黄程度要低于8成，防止叶内物质消耗过多。

第二阶段是二台烟叶变黄阶段，此阶段还是由变黄向定色的转火时间，要特别注意观察二台烟叶变化，做到变黄与脱水协调同步。干球温度升到41℃左右，二台烟叶 9 成黄，主筋一定要发软，底台烟叶全黄，勾尖卷边，如果未到达此标准，只能在 41℃左右稳温且不能超过这个温度。

第三阶段是烟叶完成变黄和加速干燥，从以黄为主向以干为主转化的过渡时期。此阶段是烘烤过程中不正常现象集中发生时期，一定要注意烟叶水分汽化、通风排湿和烧火的动态平衡，即是说此阶段升温速度要慢，需要大烧火、大通风排湿，把湿球温度稳在 38℃左右。把干球温度控制在 46℃作为常规稳温点，通过稳温稳湿达到全炉烟叶黄片黄筋不含青，二台烟叶干燥到小卷筒状态。

第四阶段的主要目标是干片，并促进致香物质的形成与积累，从而固定外观颜色。干球升温速度稍加快，可以 1℃/h 升至 50—55℃/h，通过延长 50—55℃/h 的烘烤时间，达到全炉烟叶大卷筒状态。

第五阶段主要是把全炉烟叶（特别是低温区的烟叶）的主筋烤干。

五段式烘烤工艺与多段式烘烤工艺相比，缩短了变黄后期干球温度稳定的时间，强调在 40℃前变黄程度要高，大幅度提高烟叶在低温条件下的变黄程度，缩短了干筋期温度的稳定时间，适当延长了定色后期 50—55℃的时间。同时五段式烘烤工艺中的过渡段，这既能使烟叶充分变黄，又能使烟叶失水达到小卷筒状态，为烟叶顺利定色打下良好的基础。

（三）双低烘烤工艺

双低烘烤工艺又称低温低湿烘烤工艺，它把整过烘烤过程分为六个工艺阶段。

双低烘烤工艺主要技术指标

阶段	干球温度 /℃	湿球温度 /℃	干湿球温差 /℃	烘烤时间 /h	烟叶变化要求
一	33—35	29.5—33	2—3.5	18—24	底台叶尖变黄 3—6 cm
二	37—39	30—34	4—7	18—24	底台烟叶叶片基本全黄

续表

阶段	干球温度 /℃	湿球温度 /℃	干湿球温差 /℃	烘烤时间 /h	烟叶变化要求
三	41—42	31—35	7—10	8—10	顶台烟叶叶片基本全黄
四	44—45	35	大于 10	12—20	底台烟叶叶片干燥 1/3—1/2
五	48—50	36 以下	大于 14	叶肉全干	顶台叶片全干
六	60—68	43 以下	大于 25	烟筋全干为止	烟筋全干

双低烘烤模式与其他烘烤模式相比，最明显的工艺特点是：低温低湿变黄，低温低湿定色。由于它在整个烘烤过程中既强调低温，又强调低湿，能最有效地防止含水量过大的烟叶产生棕色化反应，同时又能较好地避免含水量少的上部叶挂灰，因而有利于保证烟叶的外观质量。经试验证明，致香物质的缩合温度是 50—55℃，如果适当延长这段温度时间，有利于增强香味，可是"双低"工艺在 50℃以前，烟叶大部分已干燥，从而限制了致香物质的缩合，不利于把烟叶烤香。同时，"双低"工艺在整个烘烤过程中都强调低湿，若变黄期和定色期湿球温度稍控制不当很容易产生浮青、黄片青筋等烤青现象。

（四）三段式烘烤工艺

1. 广义的三段式烘烤工艺

自烤烟引进中国以来，就将烘烤工艺划分为变黄、定色和干筋 3 个阶段，并统称为传统的三段式烘烤工艺。由此而论，几乎所有的烘烤工艺模式都是三段式烘烤工艺，无论其工艺阶段怎么划分及划分多少时段，都能将其归属于变黄、定色和干筋 3 个阶段。

2. 狭义的三段式烘烤

狭义的三段式烘烤工艺模式是国外烤烟主产国家普遍应用的一种简化的烘烤工艺。20 世纪 80 年代初期，随着中国烤烟生产的发展，三段式工艺被引入进行区域性实验和验证。由于质量概念的差异和烘烤目标的不同，当时对于三段式烘烤工艺引发了争议，并未进行推广应用。到了 20 世纪 80 年代中期，中美合作改进烟叶质量，美国烟草专家查普林在河南叶县优质烟示范点成功地进行了三段式烘烤工艺演示，随后三段式工艺被高度重视，并在争议和改进中逐渐扩大推广面。此狭义的三段式烘烤工艺和传统的三段式烘烤工艺有明显不同，其特点在于：一是对鲜烟叶成熟度的认识存在差异；二是烘烤目标不同，认为没有烤香就是没有烤熟；三是烤好标准不同，认为主攻烟叶内在品质，兼顾外观；四是工艺技术不同，认为 38℃是一个变黄温度，54℃是一个定色温度，70℃是一个干筋温度，且按 1℃/h 的速度升温，湿球温度高低和时间长短两个因素灵活把控，被统称为"三个温度一个速度两个灵活"的"312"工艺。应该说三段式烘烤工艺是优质烟叶生产最佳的工艺模式，它的先进性明显优于上述各烘烤工艺，代表了烟叶烘烤技术的现代化水平与发展方向。

目前，全国推广的三段式烘烤工艺始于 20 世纪中美技术合作时期，已历经 20 多年实践、研究和改进，既达成了全国共识，又出现了多种局域性的三段式烘烤工艺。现以流行于云南及西南烟区的三段式烘烤工艺为例，其三段式烘烤工艺分为变黄阶段、定色阶段、干筋阶段。

变黄阶段：烟叶装完炕后，关闭进风口和排气口，在高温季节或装热炉的情况下，炉内温度在 32℃左右维持 10h 不点火，通过烤房的自然温度使高温区叶尖变黄 2—3 cm，之后以 1℃/h 的升温速度将干球温度升到 37—38℃，维持干湿球温差 2℃，使高温区一、二台烟叶基本变黄，除叶基部微含青，叶脉为青白色外，其余全部为黄色。

定色阶段：转入定色阶段后，以平均 2—3h 升温 1℃的速度，将干球温度升到 54℃，将湿球温度稳定在 39℃左右。稳定湿球温度，延长 12h 以上，直至全炉烟叶成大卷筒状态。干球升温速度在次高温区烟叶勾尖和卷边之前（即46—48℃之前），每3h升温1℃，之后每2h升温1℃。在升温阶段一旦操作失误、回青、烤青、挂灰、蒸片、糟片、色暗和色淡等现象都有可能发生，因此操作要特别注意。

干筋阶段：干球温度以1℃/h的速度从54℃升到68℃，湿球温度相应地升到40℃或43℃，做好稳温稳湿工作把全炉主筋烤干。

三段式工艺以较低的温度实现烟叶变黄为核心，保证烟叶内在品质和外在品质的一致性，它适用于生产规范化水平高、烟叶营养充足、发育完善、成熟良好条件下生产的烟叶。由于三段式工艺强调低温慢烤、温湿控制较为严格，因此对烟叶素质要求较高。同时，对烤房性能及操作技巧均有一定要求，若没有一定基础条件和技术水平作保证，三段式的先进性很难充分表现出来。

四、不同工艺的示范结果分析

（一）不同烘烤工艺下烟叶物理性状分析

1. 中部叶

表 2-1-29　不同烘烤工艺处理下烟叶物理性状（中部叶）

地点	等级	处理	叶长（cm）	叶宽（cm）	长宽比	单叶重（g）	含梗率（%）	叶面密度（g/m²）
黔西大兴点	C3F	常规工艺	69.25	21.68	3.19	12.30	27.18	91.00
	C3F	442工艺	67.49	21.21	3.18	14.44	26.59	92.88
黔西重新点	C3F	常规工艺	68.71	21.11	3.25	12.07	29.80	84.60
	C3F	442工艺	68.89	21.02	3.28	13.82	27.63	91.06
黔西绿化点	C3F	常规工艺	69.96	21.50	3.25	13.10	29.46	80.82
	C3F	442工艺	65.77	23.91	2.75	12.93	27.31	82.64

由表 2-1-29 可知，在 442 烘烤工艺处理条件下，初烤烟叶叶长均略小于常规工艺，而叶宽没有明显的差异；较为明显的是黔西大兴点和重新点 442 烘烤工艺烟叶单叶重明显高于对照工艺；同样的三个示范点的 442 工艺处理中的中部烟叶含梗率低于对照工艺，而叶面密度略高于常规工艺。综上所述，经过优化后的 442 烘烤工艺处理有利于提高中部烟叶单叶重和叶面密度，从而降低烟叶含梗率。

2. 上部叶

表 2-1-30　不同烘烤工艺处理下烟叶物理性状（上部叶）

地点	等级	处理	叶长 （cm）	叶宽 （cm）	长宽比	单叶重 （g）	含梗率 （%）	叶面密度 （g/m²）
黔西 大兴点	B2F	常规工艺	66.09	20.39	3.24	12.75	25.60	92.51
	B2F	442 工艺	63.86	17.87	3.57	14.32	24.68	118.69
黔西 重新点	B2F	常规工艺	66.13	19.38	3.41	12.06	29.25	95.21
	B2F	442 工艺	65.39	19.13	3.42	13.43	26.19	102.34
黔西 绿化点	B2F	常规工艺	68.77	20.58	3.34	13.50	27.82	93.55
	B2F	442 工艺	63.30	20.23	3.13	13.18	24.64	97.67

由表 2-1-30 可知，在 442 烘烤工艺处理可不同程度地降低烟叶的叶宽和叶长，但不同处理间的长宽比未呈明显差异；与中部叶的变化规律一致的是 442 烘烤工艺处理下效果均表现出单叶重增加（绿化点除外），且含梗率和叶面密度呈现明显的差异，即 442 烘烤工艺处理下烟叶含梗率明显低于对照工艺，而叶面密度高于对照工艺。

（二）不同烘烤工艺下烟叶柔软度分析

1. 中部叶

图 2-1-59 为不同烘烤工艺示范点中部叶的柔软度值比较分析，从图中不难看出，不同烘烤工艺条件下烟叶柔软度值呈现明显差异，442 烘烤工艺下烟叶的柔软度值均明显低于常规烘烤工艺，这跟 442 烘烤工艺下强调 42℃和 45℃的稳温时间有关。

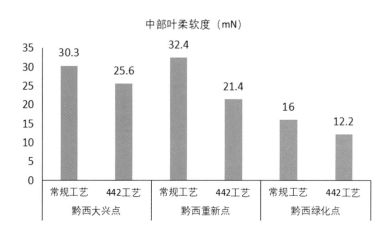

图 2-1-59　不同烘烤工艺处理下烟叶柔软度分析（中部叶）

2. 上部叶

图 2-1-60 为不同烘烤工艺示范点上部叶的柔软度值比较分析，从图中不难看出，不同烘烤工艺条件下烟叶柔软度值呈现明显差异，442 烘烤工艺下烟叶的柔软度值均明显低于常规烘烤工艺，这跟 442 烘烤工艺下强调 42℃和 45℃的稳温时间有关。

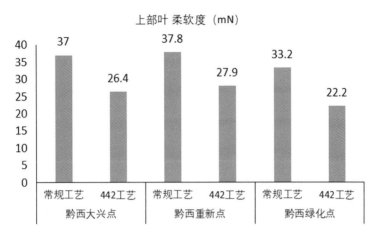

图 2-1-60　不同烘烤工艺处理下烟叶柔软度分析（上部叶）

（三）不同烘烤工艺下烟叶化学成分分析

1.中部叶

表 2-1-31　不同烘烤工艺处理下烟叶化学成分分析

地点	等级	处理	烟碱（%）	总糖（%）	还原糖（%）	总氮（%）	钾（%）	淀粉（%）	还原糖/总糖
黔西大兴点	C3F	常规工艺	2.67	27.80	23.37	2.15	1.58	7.405	0.841
	C3F	442 工艺	2.46	28.15	25.21	1.93	1.64	4.945	0.896
黔西重新点	C3F	常规工艺	3.16	24.38	21.41	2.09	1.67	7.95	0.878
	C3F	442 工艺	2.79	25.83	22.92	1.99	1.56	5.83	0.887
黔西绿化点	C3F	常规工艺	2.93	28.16	22.90	2.08	1.71	9.05	0.813
	C3F	442 工艺	2.15	30.48	23.83	1.59	1.71	5.49	0.782

表 2-1-31 为不同示范点烟叶化学成分的差异情况分析，从表中数据可以看出，442 烘烤工艺处理下烟叶的烟碱和总氮含量均比对照工艺低；442 工艺处理下烟叶淀粉含量均低于常规工艺处理。总糖和还原糖含量均高于常规工艺处理，除了黔西绿化点示范点"两糖"比略低于 0.8 之外，其他处理下烟叶"两糖"比均高于 0.8。

2. 上部叶

表 2-1-32　不同烘烤工艺处理下烟叶化学成分分析

地点	等级	处理	烟碱（%）	总糖（%）	还原糖（%）	总氮（%）	钾（%）	淀粉（%）	还原糖/总糖
黔西大兴点	B2F	常规工艺	2.99	26.03	22.45	2.42	1.40	8.79	0.862
	B2F	442 工艺	2.78	26.90	24.54	2.04	1.21	5.185	0.912
黔西重新点	B2F	常规工艺	3.32	22.23	19.08	2.26	1.63	8.99	0.858
	B2F	442 工艺	2.78	25.63	22.82	1.98	1.42	6.735	0.890
黔西绿化点	B2F	常规工艺	3.18	25.64	22.25	2.16	1.61	10.23	0.868
	B2F	442 工艺	2.31	32.26	24.12	1.53	1.26	4.84	0.748

表 2-1-32 为不同烘烤工艺处理下上部烟叶化学成分变化情况分析，从表中可看出，相较于常规工艺，经优化的 442 烘烤工艺处理下的烟叶，其烟碱和总氮含量也明显的低于对照工艺，而"两糖"含量均明显高于对照，淀粉含量均低于常规工艺；与中部叶变化不同的是，442 烘烤工艺处理下烟叶钾含量低于常规工艺。

（四）不同烘烤工艺下烟叶感官评吸结果分析

1. 中部叶

表 2-1-33　不同烘烤工艺处理下烟叶感官评吸指标分析

地点	处理	香气质	香气量	吃味	杂气	刺激性	劲头	燃烧性	灰色	总分
黔西大兴点	常规工艺	7.25	7.3	7.3	6.5	7.25	适中稍大	较强	灰	35.6
	442工艺	7.75	7.95	8.15	7.15	7.5	适中	较强	灰	38.5
黔西重新点	常规工艺	7.5	7.65	7.6	6.85	7.35	适中稍大	较强	灰	36.95
	442工艺	7.85	8.1	8.15	7.3	7.55	适中	较强	灰	38.95
黔西绿化点	常规工艺	7.3	7.4	7.2	6.4	7.3	适中	较强	灰	35.6
	442工艺	7.5	7.6	7.6	6.7	7.3	适中	较强	灰	36.7

不同烘烤工艺处理下烟叶感官评吸指标分析结果表明（见表 2-1-33），442 烘烤工艺处理下烟叶的评吸五项总得分均高于常规烘烤工艺处理，其中黔西大兴点和重新点的提升幅度最大，二是黔西绿化点，442 烘烤工艺下烟叶较常规烘烤提升幅度不明显；此外，大兴点和重新点示范点常规烘烤工艺处理下烟叶评吸劲头为适中到稍大，442 烘烤工艺处理下烟叶劲头为适中。

2. 上部叶

表 2-1-34 不同烘烤工艺处理下烟叶感官评吸指标分析

地点	处理	香气质	香气量	吃味	杂气	刺激性	劲头	燃烧性	灰色	五项品质总分
黔西大兴点	常规工艺	7.35	7.4	7.35	6.75	7.15	适中稍大	较强	灰	36.0
	442工艺	7.25	7.45	7.4	6.5	7.15	适中稍大	较强	灰	35.75
黔西重新点	常规工艺	7.25	7.35	7.35	6.7	7.05	适中稍大	较强	灰	35.7
	442工艺	7.8	7.95	8.0	7.15	7.4	适中稍大	较强	灰	38.3
黔西绿化点	常规工艺	7.4	7.4	7.3	6.6	7.2	适中稍大	较强	灰	35.9
	442工艺	7.3	7.3	7.6	6.8	7.2	适中稍大	较强	灰	36.2

表 2-1-34 为不同烘烤工艺处理下上部烟叶感官评吸指标分析，从三个示范点的结果来看，不同烘烤工艺对上部叶感官评吸指标的影响不尽一致，黔西重新点 442 烘烤工艺处理明显优于常规工艺，而大兴点和绿化点的烟叶感官评吸差异不大。

（五）不同烘烤工艺下烟叶经济性状分析

1. 中部叶

表 2-1-35　不同烘烤工艺处理下烟叶经济性状分析

地点	处理	桔黄烟率（%）	柠檬黄烟率（%）	级外烟率（%）	上等烟率（%）	均价（元/kg）
黔西大兴点	常规工艺	70.54	15.43	14.03	68.54	29.32
	442 工艺	75.33	12.89	11.78	72.34	31.65
黔西重新点	常规工艺	74.45	12.67	12.88	71.29	30.32
	442 工艺	77.91	12.27	9.82	74.87	32.02
黔西绿化点	常规工艺	64.34	21.32	14.34	65.45	28.56
	442 工艺	67.34	18.43	14.23	66.43	29.11

不同烘烤工艺处理下中部烟叶经济性状对比分析表明（见表 2-1-35），442 烘烤工艺处理下烟叶经济性状优于常规工艺，主要表现在桔黄烟率较高，柠檬黄烟率和级外烟率较低，上等烟率和均价有所提高。

2. 上部叶

表 2-1-36　不同烘烤工艺处理下烟叶化学经济性状分析

地点	处理	桔黄烟率（%）	柠檬黄烟率（%）	级外烟率（%）	上等烟率（%）	均价（元/kg）
黔西大兴点	常规工艺	74.12	10.34	15.54	56.43	24.56
	442 工艺	80.12	8.57	11.31	62.34	26.01
黔西重新点	常规工艺	67.54	18.36	14.10	54.67	23.54
	442 工艺	74.56	11.65	13.79	65.31	25.56
黔西绿化点	常规工艺	75.47	15.98	8.55	61.51	24.65
	442 工艺	82.32	9.78	7.90	64.23	26.73

与中部叶经济性状对比情况一致，442 烘烤工艺在不同示范点的上部烟叶经济性状同样表现出优于常规工艺的趋势。尤其明显表现在降低柠檬黄烟率和降低级外烟率方面，442 工艺有较为明显的优势。

总之，任何一种烘烤工艺都不是万能的，烟叶烘烤工艺的应用要根据烟叶的烘烤特性来灵活设置，烘烤特性要结合不同生态环境、不同气候、不同品种、不同栽培措施、不同部位、不同成熟度对烟叶的烘烤特性进行评估。只有匹配好烘烤的工艺设置与烟叶的烘烤特性，烘烤过程操作规范，严格把握好各温度段的目标任务，方能将烟叶的应有品质彰显出来，才能烘烤出符合工业厂家所需要的烟叶。

第五节　不同采收方式下烟叶色素含量的变化情况

烟叶采收是烤烟生产的基础，不同采收方式下得到的烟叶理化状态存在差异。其中烟叶上部叶颜色深、干物质多、叶片厚、结构较紧实、含水量较少，烘烤时易挂灰。现在通常使用一次性采收（上部 4—6 片烟叶成熟后一次性采收）或带茎砍烤（采收烟叶时连带叶茎砍收）。

1. 不同采收方式上部烟叶在烘烤过程中色素含量的变化

烟草中含量最多的色素为叶绿素和类胡萝卜素，两者和花色素苷综合作用构成高等植物的叶色，在烟叶烘烤过程中叶绿素与类胡萝卜素均发生降解，叶绿素降解速率与程度远高于类胡萝卜素，从而实现烟叶的变黄。

烟叶中的质体色素是重要的香气前体物，其中叶绿素降解产物新植二烯是烟叶挥发性香味物质的关键成分，类胡萝卜素降解和热裂解可形成近百种香气化合物。

贵州省烟草科学研究院的研究数据表明（见图 2-1-61、图 2-1-62）：随着烘烤过程的推进，烟叶中叶绿素含量呈下降趋势，最终趋于平稳，降解速度由快转慢；而类胡萝卜素含量总体呈下降趋势，降解速度表现为"快—慢—快"。烟叶的采收方式不影响烘烤过程中叶绿素含量变化，上部六片烟叶中，上三片叶的叶绿素积累量高于下三片叶。烟叶的采收方式影响类胡萝卜素在烘烤过程中含量的变化，一次性采收编烤处理后类胡萝卜素在烘烤过程中含量高于带茎砍烤处理。一次性采收编烤处理的上三片叶类胡萝卜素含量高于下三片叶。

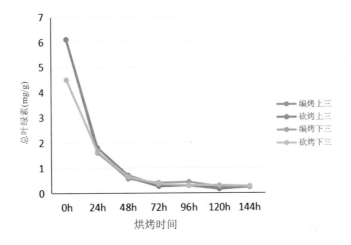

图 2-1-61　不同处理下云 87 总叶绿素含量变化

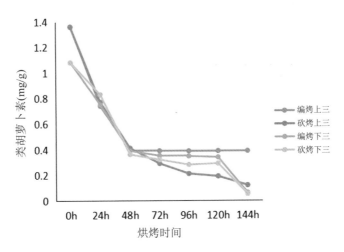

图 2-1-62　不同处理下云 87 类胡萝卜素含量变化

2. 不同采收方式下上部烟叶烘烤过程中含水率变化

烟叶含水率是烟叶烘烤过程中重要的影响因素。在烘烤过程中，烟叶变黄过程需要水分的参与，当含水率过低时，易出现烤青现象；当含水率过高时，烟叶变黄速度缓慢，易出现挂灰或糟片。

贵州省烟草科学研究院研究数据表明（见图 2-1-63）：一次性采收编烤烟叶含水率在定色过程中先快速减少而后趋于平稳；带茎砍烤烟叶含水率在稍微提升后稳速下降。在上部叶六片烟叶中，一次性采收编烤处理的烟叶上三片叶含水率下降速率高于下三片叶；带茎砍烤处理的烟叶上三片叶含水率下降速率低于下三片叶。

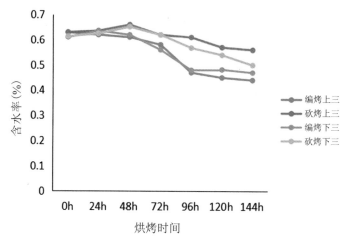

图 2-1-63　不同处理下云 87 含水率含量变化

3. 不同采收方式下上部烟叶烘烤过程中常规化学成分变化

化学成分是烟叶质量的重要组成部分，是评价烟叶综合质量和进行品质分析的关键指标。

（1）生物碱含量变化

烟草中生物碱主要成分为烟碱，烟碱是卷烟中主要的品质指标之一，其含量直接决定卷烟内在品质、安全性与可用性。

贵州省烟草科学研究院研究数据表明（见图2-1-64）：随着烘烤过程的推进，烟叶中总植物碱含量呈增长趋势。在上部叶六片叶中，上三片叶生物碱增长速度由快到慢，下三片叶生物碱增长速率呈先提升后降低趋势。带茎砍烤处理的烟叶在烘烤后总生物碱含量高于一次性采收编烤处理。

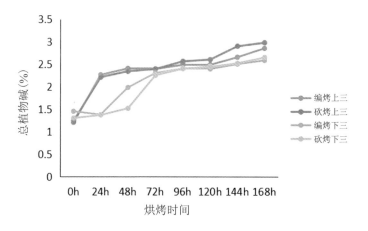

图 2-1-64　不同处理下云 87 总植物碱含量变化

（2）总糖含量变化

总糖包括单糖、双糖、寡聚糖、多糖等。烟叶中总糖含量与烟叶评吸质量的相关性非常显著，对烟叶刺激性、燃烧性的影响最大。

贵州省烟草科学研究院研究数据集表明（见图2-1-65）：随着烘烤过程的进行，烟叶中总糖含量呈增长趋势，增长速度由快转慢；在上部叶六片叶中，随着烘烤时间的增加，一次性采收编烤处理的下三片叶总糖含量高于带茎砍烤处理下三片叶。

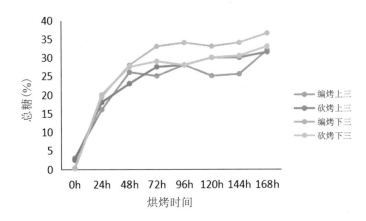

图 2-1-65　不同处理方法下云 87 总糖含量变化

（3）还原糖含量变化

还原糖指水溶性总糖中具有还原性的糖类，包括所有的单糖（除二羟丙酮）以及大部分双糖（除蔗糖）。在烟草加工与吸烟过程中，还原糖参与发生美拉德反应生成香气物质。

贵州省烟草科学研究院研究表明（见图 2-1-66）：随着烘烤过程的推进，烟叶中还原糖含量首先呈增长趋势，而后稳定在一个区间内波动。不同处理方法中还原糖含量前期上升速率为带茎砍烤下三叶＞一次性采收编烤下三叶＞带茎砍烤上三叶＞一次性采收编烤上三叶。

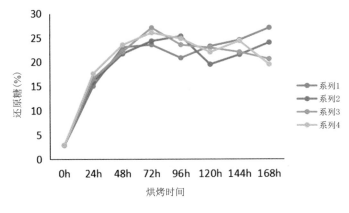

图 2-1-66　不同处理方法下云 87 还原糖含量变化

（4）总氮含量变化

氮素会影响烟叶的产量、品质与制香物质的合成，是烟碱的重要组成成分，和烟碱含量密切相关。不同氮素含量下烟叶烘烤特性不同，低氮烟叶易烤性好，耐烤型差；高氮烟叶则反之。

贵州省烟草科学研究院研究表明（见图 2-1-67）：随着烘烤过程的推进，烟叶中总氮含量呈先增长后下降的趋势，带茎砍烤处理的烟叶总氮含量变化水平高于一次性采收编烤，带茎砍烤处理下三片叶初始含总氮量低于其他处理。

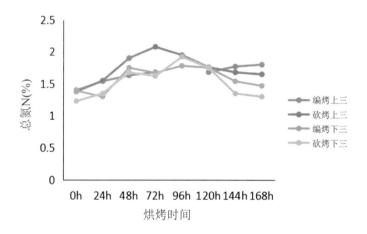

图 2-1-67　不同处理方法下云 87 总氮含量变化

（5）氯、钾、磷含量变化

烟叶耐氯性较弱，但氯作为烟叶生长发育过程中的必需元素，其含量高低是烟叶质量的重要指标。烟叶中氯含量过高，会导致烟叶厚且脆，香气少，弹性差，燃烧性不佳。而氯含量过低，则会导致烟叶油分少，枯燥易碎。一般认为烟叶氯含量在 0.3%—0.8% 期间较为适宜。

钾含量是评价烟草品质最直接的指标之一，钾元素能改善烟叶燃烧性，降低焦油产量，提高可用性，并影响烟碱、蛋白质、氨基酸、有机酸和糖类等化学成分的生物合成，从而改善烟叶的品质。一般优质烟叶的钾含量在 3% 以上，钾氯比不低于 4%。

磷是植物生长必需的三大营养元素之一，能够促进烟叶植株中碳水化合物的合成与运输，对烤烟色泽与香味有正向影响，适量施用磷肥能有效提高烟叶品质。

贵州省烟草科学研究院的研究表明（见图 2-1-68、图 2-1-69、图 2-1-70）：随着烘烤过程的推进，烟叶中氯含量呈快速增长而后缓慢下降的趋势。带茎砍烤处理下烟叶氯含量变化幅度高于一次性采收编烤，在上部叶六片叶中，其上三片叶的氯含量高于下三片叶。

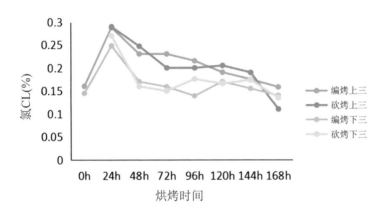

图 2-1-68　不同处理方式下云 87 氯含量变化

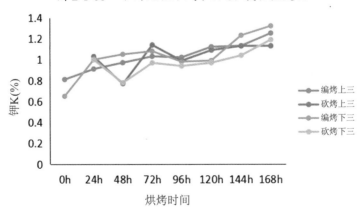

图 2-1-69　不同处理方式下云 87 钾含量变化

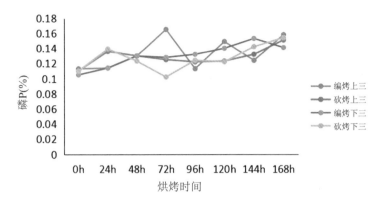

图 2-1-70　不同处理方式下云 87 磷含量变化

烟叶中的钾含量缓慢增长，一次性采收编烤处理下烟叶钾含量稳步增长，带茎砍烤处理下烟叶钾含量呈先下降后增长的趋势，但两种砍烤处理方式下的钾元素含量最终均趋于稳定。

烟叶中磷含量在一定区间内波动，不同采收处理对烟叶烘烤过程中磷含量变化无明显作用。

4. 不同采收方式下上部烟叶烤后质量比较

（1）不同采收方式下上部烟叶烤后物理性状比较

物理性状分是指烟叶的外部形态和与之相关的物理性质，主要包括长度、宽度、单叶重、叶片厚度、叶面密度、含梗率等，是反映烟叶质量和加工性能的重要指标，直接影响卷烟的制造过程、产品成本和风格。

烟叶的物理性状与外观质量、化学成分与评析指标之间存在显著的相关关系，其中物理性状与外观质量关系最为密切，通过观察测定烟叶物理性状可以对烟叶质量进行较为精准的判断。

贵州省烟草科学研究院研究表明（见表 2-1-37）：不同采收方式下获得的上部烟叶经烘烤后，相同品种的烤烟的同一部位的烟叶，采用一次性采烤处理方式的效果明显高于带茎砍烤处理方式，具体体现在叶长、叶宽、单叶重与叶面密度等方面；而带茎砍烤处理后烟叶含梗率低于一次性采烤，说明带茎砍烤处理能有效提高烟叶的有效利用率。

表 2-1-37　不同处理方式下烤后烟叶物理性状

处理	品种及部位	叶长 （cm）	叶宽 （cm）	单叶重 （g）	含梗率 （%）	叶面密度 （g/m²）
一次性采烤	云 87 上三叶	56.95	17.87	14.42	22.75	121.72
	云 87 下三叶	65.69	21.08	17.97	24.10	112.21
砍烤	云 87 上三叶	55.90	17.24	12.07	22.73	109.66
	云 87 下三叶	60.48	20.07	13.71	22.95	105.80

（2）不同采收方式上部烟叶烤后化学成分比较

贵州省烟草科学研究院研究表明（见表 2-1-38）：相同品种相同部位的烟叶，一次性采收编烤处理烟叶的生物碱含量低于带茎砍烤处理，而总糖、还原糖、总氮、氯、淀粉含量均表现为一次性采收编烤＞带茎砍烤，其中，钾含量表现为带茎砍烤下三片叶＞一次性采收编烤上三片叶＞一次性采收编烤下三片叶＞带茎砍烤上三片叶。相同品种同一采收方式的烟叶，总糖、还原糖、淀粉含量表现为：上三片叶＜下三片叶；总氮、氯含量表现为：上三片叶＞下三片叶；带茎砍烤处理生物碱含量表现为：上三片叶＞下三片叶，钾含量表现为：上三片叶＜下三片叶。

表 2-1-38　不同处理条件下烤后烟叶常规化学成分（%）

处理	品种及部位	生物碱	总糖	还原糖	总氮	钾	氯	淀粉
一次性采烤	云 87 上三叶	2.97	28.73	25.71	1.84	1.33	0.04	11.06
	云 87 下三叶	3.04	29.96	26.84	1.72	1.30	0.03	11.92
砍烤	云 87 上三叶	3.53	25.91	23.98	1.65	1.27	0.01	8.61
	云 87 下三叶	3.05	27.60	24.33	1.56	1.38	-	11.31

（3）不同采收方式下上部烟叶烤后评吸质量比较

评吸质量指烟叶通过燃烧产生烟气的特征，主要依靠评吸人员对香气质、香气量、吃味、杂气、刺激性、劲头、燃烧性和灰色等评价指标进行鉴定评分，该评分带有一定的主观性，是进行烟叶分组配方设计的主要参考依据。

贵州省烟草科学研究院研究表明（见表2-1-39）：各处理方式下的"灰色"表现结果均为"灰"，燃烧性均较强；在香气质、香气量与吃味中均表现为带茎砍烤下三片叶＞一次性采收编烤上三片叶＞一次性采收编烤下三片叶＞带茎砍烤上三片叶；带茎砍烤处理上三片叶刺激性与劲头过高；相同采收方式处理后的下三片叶杂气少于上三片叶，其中带茎砍烤处理后的下三片叶杂气最少，而带茎砍烤处理后的上三片叶杂气最多。

表 2-1-39　不同处理条件下烤后烟叶感官质量

处理	部位	香气质	香气量	吃味	杂气	刺激性	劲头	燃烧性	灰色	五项品质总分
一次性采烤	上三叶	7.3	7.4	7.4	6.6	7.2	适中稍大	较强	灰	35.8
	下三叶	7.5	7.7	7.7	6.9	7.4	适中稍大	较强	灰	37.1
砍烤	上三叶	7.0	7.1	7.0	6.1	6.8	稍大	较强	灰	34.1
	下三叶	7.7	7.9	8.0	7.2	7.3	适中稍大	较强	灰	38.0

（4）不同采收方式下上部烟叶烤后经济性状比较

经济性状指符合人类生产需求，与农产品数量和质量关系最密切的植物性状。主要包括产值、产量、中上等烟比例、均价等。

贵州省烟草科学研究院研究表明（见表2-1-40）：相同重量的烤后烟叶，价值与均价上表现为带茎砍烤下三片叶＞一次性采收编烤下三片叶＞带茎砍烤上三片叶＞一次性采收编烤上三片叶，在上部叶六片叶中，相同处理方式下的价值与均价下三片叶＞上三片叶；相同品种同一部位下，带茎砍烤处理下的上等烟比例更高，杂色烟比例更少。

表 2-1-40　不同处理条件下烤后烟叶经济性状

处理	一次性采烤 上三叶	带茎砍烤 上三叶	一次性采烤 下三叶	带茎砍烤 下三叶
重量（kg）	50.80	49.00	50.00	49.60
价值（元）	1175.54	1246.58	1275.55	1398.89
上等烟比例	57.4%	68.4%	73.6%	85.6%
杂色烟比例	4.0%	0.0%	4.4%	3.4%
均价（元/kg）	23.14	25.44	25.51	28.20

注：每种重复随机挑选 10 kg 左右，统计 5 个重复。

第二章 烘烤工艺方面

第一节 烟叶的烘烤特性

一、概念及特点

生产烟叶是一个比较复杂的技术变化过程。烟叶作为特殊的种植商品，因不同时期人们对烤烟原料产量指标、质量指标要求不同，烤烟生产的环境条件以及烟叶作为目标商品的特性都在发生改变。不同类型的烟叶有着不同的特性，如果掌握不了某一烟叶的特性，用一成不变的模式去烘烤，势必在操作中顾此失彼，造成烟叶"烘烤不当"。因此，掌握好不同条件下各类型烟叶的生长发育环境和烟叶成熟烘烤特性，有利于准确制定烘烤工艺，从而达到提高烟叶烘烤质量的目的。

在烤烟烘烤实践中，人们会总结出不同烟叶的烘烤特性，提出"易烤"和"耐烤"的概念。这些概念的形成，实际上与烟叶的遗传基础、烟叶栽培管理基础，以及烟叶生长发育过程的环境条件有关。从烤烟烘烤工艺角度出发，我们需要将具有代表性的不同烟叶能够在烘烤过程中反映出来的烘烤特性进行归纳，因为这些烘烤特性将与其烟叶烘烤工艺的制定有关。更具体地说，这关系到我们怎样根据不同类型烟叶制定适合的烘烤工艺，同时也是提高烟叶烘烤质量、降低烟叶烘烤失误的基础条件。简单地说，我们需要了解烟叶的"易烤性"和"耐烤性"。

（一）易烤性

烟叶的易烤性是指烟叶在烘烤过程中水分变化、颜色变化以及物质转化的速度和人为控制的难易程度。相反，易烤性差的烟叶，通常我们在烘烤特性上将其界定为"难烘烤"。

1. 易烤性好的烟叶特征

（1）鲜烟叶特征

叶片颜色：叶片颜色偏浅，成熟烟叶黄色部分由浅黄色至金黄色转变。

叶片厚度：成熟期烟叶干物质积累适中，叶片厚度适中至偏薄。

叶面状态：田间烟叶在成熟至完熟过程中，叶片耐熟性适中、不易感病，烟叶充分成熟时叶尖略枯而不烂、叶缘由黄至白。

（2）烘烤变化特点

变黄方式：通常有"正常变黄""通身变黄""点片变黄"以及"叶把先黄"等。正常变黄是指烟叶的叶尖及叶缘先黄，并由叶尖向叶基、由叶缘向主脉两侧逐步变黄。这类烟叶易烤性和耐烤性都较好。在正常气候年份，绝大多数烟叶都表现为"正常变黄"。营养不良或素质较差的烟叶，如底脚叶，往往表现为通身变黄，这类烟叶易变黄，但不耐烤，易烤成黑糟烟或花片烟。营养过剩的烟叶，如后发或返青的烟株，此时其中下部烟叶往往表现为"点片变黄"。这类烟叶既易烤青，又易变褐。如果烟株徒长，会严重遮阴，易导致下部叶出现"叶把先黄"，这类烟叶常烤成花片烟。

变黄速度：烟叶变黄速度通常比较快，变黄时间过长容易出现烤后烟叶颜色偏淡的现象。

烘烤时间：由于鲜烟叶干物质积累适中，烘烤过程中外观颜色变化与内在物质变化比较协调，烘烤时间容易掌握。

温湿度适应性：易烤性好的烟叶烘烤过程适应温湿度的范围相对较宽，短时的烘烤操作温湿度波动对烟叶变化的影响不是很大。

2. 易烤性与烘烤基础条件的关系

烟叶成熟特性与烟叶的易烤性有直接关系。烟叶的易烤性主要受品种、成熟特性、气候条件、营养水平等因素影响。

品种：不同品种的烟叶，因叶片数量、叶片形状、色素含量、组织结构等不同，叶片的易烤性也存在差异。一般多叶型品种易烤性较好、少叶型品种易烤性较差；颜色深的品种易烤性较好、颜色淡的品种易烤性较差。

（2）成熟特性：易烤性好的烟叶通常叶色比较淡、落黄较快、田间烟叶成熟比较一致；易烤性差的烟叶通常颜色比较深、不易落黄、落黄较慢、田间烟叶成熟不整齐。

（3）气候条件：在烟叶成熟期光照充足、温度和水分适宜，有利于烟叶的正常成熟，烟叶的成熟速度与成熟度容易掌握，满足成熟采收的烟叶就容易烘烤；如果成熟期多阴雨、光照差，或者出现长期干旱，烟叶通常不能正常落黄，采收成熟度不容易掌握，容易采收到旱黄早熟或假熟的烟叶，这样的烟叶就不容易烘烤。

（4）营养水平：大田生长过程中营养协调的烟株，烟叶成熟速度趋于合理，成熟期的成熟特征比较明显，烟叶容易烘烤；大田生长过程中营养不足的烟株通常发育不全、生长不良、容易出现早熟和假熟，这样的烟叶就不容易烘烤。

（二）耐烤性

烟叶的耐烤性是指烟叶在烘烤过程中对烘烤条件的适应时间及人为控制的难易程度。耐烤性好的烟叶，在烘烤特性上被界定为"耐烤"；耐烤性差的烟叶，在烘烤特性上被界定为"不耐烤"。

1. 耐烤性好的烟叶特征

（1）鲜烟叶特征
叶片颜色：叶片颜色偏深，成熟烟叶的黄色部分偏金黄色。

叶片厚度：成熟期鲜烟叶干物质积累较丰富，厚度通常适中至偏厚。

叶面状态：田间烟叶在成熟至完熟过程中，叶片耐熟、不易感病，烟叶成熟时有明显突起的黄斑（成熟斑），叶尖枯而不烂、叶缘黄而不白。

（2）烘烤变化特点

变黄速度：烟叶变黄速度通常比较慢，不容易出现变黄过度的现象。

脱水特性：烟叶脱水特性主要表现在脱水速度的不同。一般来说，较厚的叶片，特别是表皮厚、蜡质多、组织紧密的烟叶，脱水较难。干物质充实、含水少的烟叶，烘烤变黄期间脱水速度比较慢。有些含水量大或结构疏松的烟叶，如下部叶，在较低的变黄温度条件下也易脱水。这类烟叶易烤性相对较好，但往往不耐烤。

定色特性：主要是指烟叶烘烤进入定色和干筋阶段后叶片是否容易发生褐变、挂灰、烤红、烤暗、烤糟等现象。

烘烤时间：由于干物质积累较多，内含物质分解相对较慢，烟叶的变黄、定色所需的时间相对比较长。

温湿度适应性：耐烤性好的烟叶在烘烤过程适应温湿度的范围相对较宽，短时的烘烤操作温湿度波动对烟叶变化的影响不是很大。

2. 耐烤性与烘烤基础条件的关系

烟叶的耐烤性同样与烟叶的耐熟性有关，耐熟性好的烟叶耐烤性也好。因此，烟叶的耐烤性与烟叶烘烤的基础条件，如品种、营养水平、气候条件、留叶数等密切相关。

（1）成熟比较慢的品种通常比成熟比较快的品种耐烤性好。

（2）营养水平比较高的烟叶比营养水平低的烟叶耐烤性好，当然，过量的营养水平将导致烟叶不易烘烤，更谈不上耐烤。

（3）烟叶在成熟期遇适当干旱则其耐烤性较好，低温多雨条件或过度干旱条件下的烟叶耐烤性较差。

（4）留叶数少的烟叶通常比留叶数多的烟叶耐烤性好，上部烟叶比下部烟叶的耐烤性好。

（5）田间生长发育正常的烟叶比感病烟叶的耐烤性好。

二、判断方法

烟叶烘烤特性是烘烤工艺选择的主要依据，因此，正确判断烟叶的烘烤特性，是烟叶正确烘烤的关键步骤之一。以下主要介绍田间判断和鲜烟判断两种方法。

1. 田间判断

顾名思义，田间判断即判断烤烟在大田中的生长发育情况。首先，田间判断的第一要点就是要看烤烟品种，每一个烤烟品种都有各自的基本特性和典型特征，其优质烟叶也具有特定的特征，要观察大田烟株长势长相并判断其是否符合优质烟叶要求。其次，田间判断的最好时机是打顶前后，此时要重点考察植株叶色和上部叶的扩展程度，凡是叶色偏深、上部叶较长的，应迟打顶、多留叶，通过采取改善碳素代谢的措施提高烟叶素质和烘烤特性；对于叶色偏淡、上部叶偏短的烟叶应早打顶、少留叶，并及时追施少量氮肥，使烟叶充分发育，改善其烘烤特性。在烟叶进入成熟期以后，凡是正常落黄的烟叶，一般其烘烤特性较好，而落黄过快的烟叶意味着易烤和不耐烤；延迟落黄、成熟较慢的烟叶，意味着耐烤性好但不易烤；迟迟难以落黄而且点片状先黄的烟叶，肯定不易烤也不耐烤，所谓的"黑暴烟"就是其典型代表。另外，成熟较慢、适熟期较长的烟叶耐烤性较好；适熟期较短、成熟较快的烟叶则易烤性较好。

2. 鲜烟判断

根据鲜烟叶质判断烘烤特性具有很大价值，因为鲜烟叶质是烟叶水分、叶片结构，甚至烟叶化学组成的综合反映。凡是田间表现质地柔软、弹性好、不易破碎的鲜烟叶都比较易烘烤，烤后质量好。含水量是反映烟叶烘烤特性的重要指标，一般而含水量大的烟叶易变黄，但在变黄阶段的脱水量不足就会影响定色。含水量少的烟叶，在变黄阶段往往因水源不足难以变黄，但变黄问题得到解决以后，一般较易定色。讨论烟叶含水量对烟叶烘烤特性的影响，常用"鲜干比值"这一概念来表述，鲜干比值是指鲜烟重量与烤后干烟重量（干烟含水量为15%左右）之比值，综合反映了烟叶水分能够满足内含物调制的需要程度。

不同地区或不同气候条件下，烟叶鲜干比差异很大。营养和生长发育良好且能够正常成熟的烟叶，鲜干比值多在5.5—8.0，烘烤特性较好。烟叶鲜干比值明显小于5.5时，烟叶在烘烤时难以变黄，有时会出现挂灰现象；当烟叶鲜干比值在9.0以上时，定色难度增加。对于水分大的烟叶，可采取"先拿水、后拿色"，对水分小的烟叶采取"先拿色、后拿水"，这是烘烤这两类烟叶的有效措施。

3. 暗箱判断

烤烟品种烘烤特性评价（YC/T 311—2009）规定了烤烟品种烘烤特性的评价指标和判定规则。其中，暗箱试验是在黑暗、不通风环境下，观察烟叶的变黄、变褐特征，以此来考量烟叶的易烤性和耐烤性。

暗箱烟叶变黄时间及烘烤特性：下部烟叶变黄时间为48—60h，中、上部烟叶变黄时间为72—84h，烤烟品种易烤性好；下部烟叶变黄时间为60—96h，中、上部烟叶变黄时间为48—108h，易烤性中等；下部烟叶变黄时间为96h以上，中、上部烟叶变黄时间为108h以上，易烤性较差。暗箱烟叶变褐时间及烘烤特性：下部烟叶变褐时间为84h以上，中部烟叶变褐时间为120h以上，上部烟叶变褐时间为60h以上，耐烤性较好；下部烟叶变褐时间为72—84h，中部烟叶变褐时间为84—120h，上部烟叶变褐时间为36—60h，耐烤性中等；下部烟叶变褐时间为72h以下，中部烟叶变褐时间为84h以下，上部烟叶36h以下，耐烤性较差。

4. 烘烤过程判断

烤烟品种烘烤特性评价（YC/T 311—2009）规定了烤烟品种烘烤特性的评

价指标和判定规则。叶绿素降解量是指烘烤72h时，烟叶叶绿素含量比采收后的成熟鲜烟叶叶绿素含量降低百分率。叶绿素降解速率是指烘烤72h时，单位时间内叶绿素的平均降解量。叶绿素降解速率为1.25%/h以上，降解量达90%以上，该烤烟品种的易烤性好；降解速率为1.25%/h—1.15%/h，降解量为85%—90%，该烤烟品种的易烤性中等；降解速率为1.15%/h以下，降解量为85%以下，该烤烟品种的易烤性差。失水速率是指一定烘烤时间内，单位时间烟叶水分的平均损失量。失水均衡性是指烟叶烘烤48h（变黄阶段）的失水速率与烘烤48—72h（定色前期）的失水速率之比。烟叶失水均衡性测试：下部烟叶为1.0—1.25，中部烟叶为1.0—1.3，上部烟叶为0.4—0.5，该烤烟品种的易烤性好。

多酚氧化酶活性是指烘烤品种烘烤过程中变黄阶段和定色阶段的平均多酚氧化酶活性，是24h、48h、72h和96h的多酚氧化酶活性的平均值。烟叶中多酚氧化酶活性，中、下部烟叶在0.3u以下，上部烟叶在0.4u以下，该烤烟品种的耐烤性较好；中、下部烟叶为0.3u—0.4u，上部烟叶为0.4u—0.5u，该烤烟品种的耐烤性中等；中、下部烟叶在0.4u以上，上部烟叶在0.5u以上，该烤烟品种的耐烤性较差。

在烟叶烘烤过程中，只有根据烟叶的烘烤特性把握好烟叶的大田管理和成熟采收，才能烘烤出质量好的烟叶。

三、主栽和自育品种的烘烤特性

1. 云烟87

云烟87田间成熟特征明显，分层落黄表现好，成熟期较集中。下部叶早采收，中部烟叶采收以适熟为主，上部烟叶采收以充分成熟为主。下部叶耐熟性一般，中上部烟叶较耐熟。烘烤过程中烟叶变黄速度适中，变黄较整齐，失水平衡，定色脱水较快，烟叶变黄定色、脱水干燥较为协调，容易烘烤。暗箱试验中，云烟87变黄较快，变褐相对较慢。烘烤特性与K326接近，可与

K326 同炉烘烤，但上部烟叶耐烤性略优于 K326。

2. K326

K326 田间成熟特征和分层落黄较为明显，下部叶耐熟性一般，中上部烟叶较耐熟。下部叶早采，中部烟叶适熟采，上部烟叶充分成熟采收。K326 易烤性较好，中部叶和上部叶耐烤性较好，下部叶和顶叶耐烤性相对一般。K326 烟叶变黄与失水协调性较好，变黄快，脱水也快，易烘烤，较易定色，烤后烟叶经济性状较好。建议在烘烤过程中，K326 烟叶变黄的同时进行排湿，从而促进烟叶适度失水变黄，同时要注意升温不过急、不掉温。

3. 云 116

田间长相，整齐一致，长势较强到强，成熟期烟叶分层落黄明显，成熟度好，较易烘烤，耐熟性略差于云烟 87，烤后烟叶颜色呈橘黄。下部叶早采，中部烟叶适熟采，上部烟叶充分成熟采收。烘烤过程中烟叶变黄较快，失水和定色进程相对缓慢，变黄与失水两者的协调性较差。烘烤过程中要着重关注烟叶变黄与失水的协调性。

4. 韭菜坪 2 号

韭菜坪 2 号田间成熟较快，分层落黄表现较好，下部叶耐熟性一般，中上部叶较耐熟，上部叶主筋略粗。下部叶早采，中部烟叶适熟采，上部烟叶充分成熟采收。易烘烤，中上部叶耐烤性较好，下部叶耐烤性一般。烘烤过程中韭菜坪 2 号变黄稍慢，色素降解速率居中，耐烤性偏好，烤后烟叶质量较好。韭菜坪 2 号应适度保湿变黄，延长变黄时间 10—15h；之后转入正常定色。

5. 毕纳 1 号

毕纳 1 号在田间成熟较快，下部叶不耐熟，中上部叶耐熟性相对较好，成层落黄明显。下部叶早采，中部烟叶适熟采，上部烟叶充分成熟再采收。易烘烤，与 K326 相似。中部叶和上二棚叶耐烤性较好，下部和顶部叶耐烤性一般，上部叶耐烤性优于 K326。烘烤过程中，毕纳 1 号变黄较快，定色脱水也较快，烟叶变黄与失水协调性较好，烤后烟叶经济性状较好。与贵烟 2 号相比，烘烤中，毕纳 1 号在 38℃前变黄较快，在 38℃后变黄相对较慢。毕纳 1 号，38—42℃烟叶绝对电导率和相对电导率值增幅最大。建议在烘烤毕纳 1 号过程中将变黄和脱水协调，促进烟叶适度失水变黄。

6. 贵烟 5 号

贵烟 5 号成熟较快，耐熟性中等。下部叶采收以适熟为主，在欠熟至适熟范围采收；中部烟叶采收以适熟为主，在适熟至完熟范围采收；上部烟叶采收以完熟为主，在适熟至完熟范围采收。易烤性中等，耐烤性中等。在烘烤过程中应适当延长变黄烘烤时间、变黄后期至定色初期偏低湿慢烤。

7. 贵烟 8 号

贵烟 8 号成熟较慢，耐熟性中等。下部叶采收以适熟为主，在欠熟至适熟范围内采收；中部烟叶采收以适熟为主，在适熟至完熟范围采收；上部烟叶采收以完熟为主，在适熟至完熟范围内采收。易烤性中等；耐烤性与 K326 接近，上部烟叶耐烤性较差。在烘烤过程中应适当延长变黄烘烤时间，在变黄后期至定色初期偏低湿慢烤。

8. GZ36

GZ36 吸肥能力强，田间成熟特征明显，成层落黄表现较好。下部叶早采，绿色稍褪即可采。中部烟叶叶面浅黄，黄色面积在 60%—80%，叶尖、叶缘呈黄色，茸毛部分脱落，主脉发白、支脉一半以上发白，茎叶角度增大，叶面明显下垂，叶龄 65—85 天（大田生育期 85—105 天），比云烟 87 适当推迟 5—7 天。上部叶叶面基本色为黄色，黄色面积在 80%—90%，主脉支发白，叶面发皱，叶尖、叶缘发白下卷，茸毛大部脱落，黄白色成熟斑明显，茎叶角度较大，叶龄 75—95 天（大田生育期 110—135 天），比云烟 87 适当推迟 7—10天。贵州蜜甜香型烟区成熟度要比清甜香型烟区高 1—2 个档次，黄色面积增大 10%—20%。GZ36 中下部易烤性、耐烤性较好，上部叶易烤性、耐烤性一般。上部叶在烘烤过程的变黄期适当延长变黄时间 5—10h，变黄后期和定色期前期湿球温度降低 0.5—1℃进行烘烤，从而进一步促使烟叶变黄和干燥达到协调状态。

第二节　贵州主栽品种烘烤特性及烘烤工艺

在烤烟生产中，不同品种对烟叶的产量质量以及种烟效益起着很重要的作用，由于不同推广品种对生态条件的适应性不同，其生物学特性在不同生态条件下的表现也有所不同，从而使他们在烤烟生长成熟及烘烤特性方面存在差异。只有根据品种的烘烤特性，选择与其相适宜的烘烤工艺，才能保证烟叶烘烤质量的提高。本节主要结合近年来对一些品种的烘烤经验，根据贵州烟区近年来推广应用的烤烟品种烘烤特性提出相应的烘烤操作技术，仅供参考。

一、云烟 87

1. 生物学特点

该品种植株呈塔形，有效叶数为 20—21 片。叶片形状为长椭圆形，叶面较平，叶尖渐尖，叶缘呈波浪状，叶色为黄绿色，叶耳大，主脉粗细适中，节距适中，茎叶角度适中，叶片厚度适中。移栽后至现蕾约 60 天，在大田中的生育期约 120 天。

2. 成熟采收特点

云烟 87 成熟较快、分层落黄好，中上部烟叶耐熟性较好。下部叶适宜在尚熟至适熟范围采收，中部烟叶适宜在适熟至完熟范围采收，上部烟叶适宜在充分成熟范围采收。

3. 烘烤特点

该品种的烘烤特性与云烟 85 基本相似，易烘烤。下部烟叶耐烤性中等水平，中上部烟叶耐烤性较好。

4. 烘烤方法

变黄阶段：初期，适宜的起火温度为 32—35℃，烘烤时间为 10—15h；主要变黄阶段，干球温度为 38℃，湿球温度为 36—37℃，烘烤时间为 15—20h；变黄后期，干球温度为 40—42℃，湿球温度为 35—36℃，烘烤时间为 15—20h。

定色阶段：初期，干球温度为 45—48℃，湿球温度为 36—37℃，稳温阶段使烟叶全部变黄，主筋变白，烘烤时间 15—20h；后期，干球温度为 52—54℃，湿球温度为 38—39℃，烘烤时间为 20—25h。

干筋阶段：初期干球温度为 60℃，湿球温度为 39—40℃，烘烤时间为 10—15h；后期，干球温度为 68℃，湿球温度为 40—41℃，烘烤时间为 20—25h。

二、K326

1. 生物学特点

该品种植株呈塔形，有效叶数为 20—24 片，叶片形状为长椭圆形，叶面较平，中下部叶叶面较宽，叶尖渐尖，叶缘呈波浪状，叶色为绿色，叶耳小，主脉粗，节距适中，叶片厚度适中。移栽后至现蕾约 50—60 天，大田生育期为 110—125 天。

2. 成熟采收特点

该品种分层落黄好，下二棚叶片大而薄，含水量多，容易产生枯烟，耐熟性中等，中上部叶烟筋粗，耐熟性好。下部叶适宜在尚熟至适熟范围内采收，中部烟叶适宜在适熟至充分成熟范围内采收，上部烟叶适宜在充分成熟范围内采收。

3. 烘烤特点

该品种烟叶易烘烤。下部烟叶耐烤性中等，中上部烟叶耐烤性较好。

4. 烘烤方法

变黄阶段：初期，适宜的起火温度为 32—35℃，烘烤时间为 10—15h；主要变黄阶段，干球温度为 38℃，湿球温度为 36—37℃，烘烤时间为 15—20h；变黄后期，干球温度为 40℃，湿球温度为 36—37℃，烘烤时间为 10—15h。

定色阶段：初期，干球温度为 45—48℃，湿球温度为 35—36℃，烘烤时间为 15—20h；后期，干球温度为 52—54℃，湿球温度为 38—39℃，时间为 20—25h。

干筋阶段：初期，干球温度 60℃，湿球温度为 39—40℃，烘烤时间为 10—15h；后期，干球温度为 68℃，湿球温度为 40—41℃，烘烤时间为 20—25h。

三、云烟 85

1. 生物学特点

该品种植株呈塔形，有效叶数为 18—20 片，叶片形状为长椭圆形，叶面较平，叶尖渐尖，叶色为黄绿色，叶耳大，主脉适中，茎叶角度适中，叶片厚度适中。移栽后至现蕾约 60 天，大田生育期约为 120 天。

2. 成熟采收特点

该品种成熟较快、分层落黄好，耐熟性中等。下部叶适宜在尚熟至适熟范围内采收，中部烟叶适宜在适熟范围内采收，上部烟叶适宜在充分成熟范围内采收。

3. 烘烤特点

该品种变黄速度较快，易烘烤。下部烟叶耐烤性中等，中上部烟叶耐烤性较好。

（四）烘烤方法

该品种的烘烤方法与云烟 87 相同。

四、贵烟 4 号

1. 生物学特点

该品种植株形状近似筒型，有效叶数为 19.5 片，叶片呈椭圆形，叶片较皱，叶色为绿色，叶耳大，叶主脉较粗，茎叶角度较小，叶片较厚。移栽后至开花约需 64 天，大田生育期约为 120 天。

2. 成熟采收特点

该品种叶片落黄正常，烟叶耐熟性中等。下部叶适宜在尚熟至适熟范围内采收，中部烟叶适宜在适熟至完熟范围内采收，上部烟叶适宜在充分成熟范围内采收。

3. 烘烤特点

该品种变黄速度较慢，易烘烤，耐烤性中等。

4. 烘烤方法

变黄阶段：初期，适宜的起火温度为 32—34℃，烘烤时间为 15—20h；主要变黄阶段，干球温度为 38℃，湿球温度为 36—37℃，烘烤时间 25—30h；变黄后期，干球温度为 40—42℃，湿球温度为 35—36℃，烘烤时间为 12—15h。

定色阶段：初期，干球温度为 45—48℃，湿球温度为 35—36℃，稳温使烟叶全部变黄，主筋变白，烘烤时间为 15—20h；后期，干球温度为 52—54℃，湿球温度为 38—39℃，烘烤时间为 20—25h。

干筋阶段：初期，干球温度为 60℃，湿球温度为 39—40℃，烘烤时间 15—20h；后期，干球温度为 68℃，湿球温度为 39—40℃，烘烤时间为 20—25h。

五、毕纳 1 号

1. 生物学特点

该品种植株呈筒形，叶片为长椭圆形，叶面稍皱，有效叶数为 26—28 片，叶色浓绿，叶耳大，叶主脉较粗，茎叶角度较小，叶片较厚。移栽后至中心花开放约 60—65 天，大田生育期约为 130 天。

2. 成熟采收特点

该品种叶片落黄层次分明，叶片成熟较快，下部叶适宜在尚熟至适熟范围内采收，中部烟叶适宜在适熟至完熟范围内采收，上部烟叶适宜在充分成熟范围内采收。

3. 烘烤特点

该品种烟叶易烘烤，耐烤性中等。

4. 烘烤方法

变黄阶段：初期，适宜的起火温度为 32—35℃，烘烤时间为 10—15h；主要变黄阶段，干球温度为 38℃，湿球温度为 36—37℃，烘烤时间为 15—20h；变黄后期，干球温度为 40—42℃，湿球温度为 35—36℃，烘烤时间为 15—20h。

定色阶段：初期，干球温度为 45—48℃，湿球温度为 36—37℃，稳温使烟叶全部变黄，主筋变白，烘烤时间为 15—20h；后期，干球温度为 52—54℃，湿球温度为 38—39℃，烘烤时间为 20—25h。

干筋阶段：初期，干球温度为 60℃，湿球温度为 39—40℃，烘烤时间为 10—15h；后期，干球温度为 68℃，湿球温度为 40—41℃，烘烤时间为 20—25h。

六、韭菜坪 2 号

1. 生物学特点

该品种植株呈塔形，打顶后呈筒形，叶片为椭圆形，下部叶较平滑，中上部叶片较皱，有效叶数为 20—22 片，叶主脉较粗，茎叶角度小，叶耳肥大，移栽后至中心花开放为 60—65 天，大田生育期约为 130 天。

2. 成熟采收特点

该品种分层落黄好，下部叶适宜在尚熟至适熟范围内采收，中部烟叶适宜在适熟至完熟范围内采收，上部烟叶适宜在充分成熟范围内采收。

3. 烘烤特点

该品种烟叶变黄速度较慢，易烘烤，耐烤性较好。

4. 烘烤方法

变黄阶段：初期，适宜的起火温度为 32—35℃，烘烤时间 10—15h；主要变黄阶段，干球温度 38℃，湿球温度为 36—37℃，烘烤时间 15—20h；变黄后期，干球温度 40℃，湿球温度为 36—37℃，烘烤时间 10—15h，干球温度为 42℃，湿球温度为 35—36℃，烘烤时间为 10—15h。

定色阶段：初期，干球温度为 45—48℃，湿球温度为 35—36℃，烘烤时间为 15—20h；后期，干球温度为 52—54℃，湿球温度为 38—39℃，烘烤时间为 20—25h。

干筋阶段：初期，干球温度为 60℃，湿球温度为 39—40℃，烘烤时间为 10—15h；后期，干球温度为 68℃，湿球温度为 40—41℃，烘烤时间为 20—25h。

七、贵烟 5 号

1. 生物学特点

该品种植株呈塔形，叶片为长椭圆形，叶色为绿色至深绿色，叶面较皱，叶缘呈波浪形，叶耳小，主脉粗细中等，茎叶角度中等，田间生长势较强，大田生育期为 123.14 天，打顶株高为 130.32 cm，有效叶为 19.43 片，茎围为 10.18 cm，节距为 6.36 cm，腰叶长 69.80 cm、宽 32.89 cm。

2. 成熟采收特点

采收时应把握好该品种烟叶成熟度，下部叶适熟早采，中部叶成熟采收，上部叶充分成熟采收。

3. 烘烤特点

该品种烟叶易烘烤。

4. 烘烤方法

注意十个关键稳温点烘烤工艺。

八、贵烟 8 号

1. 生物学特点

贵烟 8 号是贵烟 6 号与毕纳 1 号杂交选育而成的，其植株形态为塔形，叶片为长椭圆，叶面较平，叶尖渐尖，叶色为绿色，叶缘平滑，叶耳较大，主脉粗细中等，茎叶角度中等，平均打顶株高 132.7 cm，可采叶数 22.1 片。

2. 成熟采收特点

采收时应把握好该品种烟叶成熟度，下部叶适熟早采，中部叶成熟采收，上部叶充分成熟采收。

3. 烘烤特点

该品种烟叶易烘烤。

4. 烘烤方法

注意十个关键稳温点烘烤工艺。

九、GZ36

1. 生物学特点

该品种植株形态为塔形，叶片为长椭圆形，叶面较平，叶尖渐尖，叶色为绿色，叶缘平滑，叶耳较大，主脉粗细中等，茎叶角度中等，平均打顶株高为 119.80 cm，可采叶 19.91 片，节距为 5.25 cm，茎围为 10.44 cm，腰叶长

75.25 cm、宽 29.12 cm。该品种植株形态理想，节距适中，田间生长势强，生长整齐，遗传性状稳定一致。叶片分层落黄，耐成熟，易烘烤。

2. 成熟采收特点

采收时应把握该品种烟叶成熟度，下部叶适熟早采，中部叶成熟采收，上部叶充分成熟采收。

3. 烘烤特点

该品种烟叶易烘烤，中下部耐烤性较好，上部叶耐烤性中等。

4. 烘烤方法

表 2-2-1　贵州中东部烟叶烘烤工艺关键操作

	干球（℃）	湿球（℃）	升温速度	稳温时间	变黄目标	烟叶状态	风机设置
变黄期（70h左右）	34—5	34—5		4—6h			低档（点火前用高档循环 1—2h）
	38	36—7	1度/1h	20—25h	高温层烟叶 6—7 成黄	高温层烟叶变软	低档
	40	中下部：37—6 上部叶：38—7	1度/1h	10—15h（前半段高湿，后半段低湿）	高温层烟叶 8—9 成黄	高温烟叶充分发软	低档
	42	中下部：36—5 上部叶：36	1度/2h	中下部：12—15h 上部叶：15—18h	高温层烟叶基本全黄（中间层支脉基本变黄）	高温层烟叶主脉变软，叶片开始勾尖卷边（失水程度要求高于云烟87）	高档

续表

	干球 （℃）	湿球 （℃）	升温速度	稳温时间	变黄目标	烟叶状态	风机设置
定色期 （60—75h）	45	中下部：36 上部叶：35—6	42度升至45度，1度/3h	中下部：6—8h 上部叶：8—10h	烟叶扫青，中层支脉全黄	下部：中层叶片干燥约1/3。中上部：中层叶片干燥1/3以上。	高档
	48	37	1度/3h	8h	中层烟叶主脉褪青变黄	中层烟叶小卷筒，主脉皱缩	高档
	51	38	1度/2h	6h	主脉变黄	中层烟叶干燥1/2以上	高档
	54	39	1度/1h	14—16h	黄片黄筋	整炕叶片全干（大卷筒），主脉干燥1/3左右	高档
干筋期 （45—50h）	60	40	1度/1h	6h	主脉变紫、收缩	主脉干燥1/3—1/2	低档
	65—68	40—41	1度/1h	25—30h	主脉变紫	主脉全干	低档

表 2-2-2　贵州西部烟叶烘烤工艺关键操作

	干球（℃）	湿球（℃）	升温速度	稳温时间	变黄目标	烟叶状态	风机设置
变黄期（70h左右）	32	31		2—3h			低档（点火前用高档循环1—2h）
	35	34	1度/1h	6—8h	高温层烟叶叶尖变黄	高温层烟叶叶尖发软	低档
	38	36—37	1度/1h	16—20h	高温层烟叶6—7成黄	高温层烟叶变软	低档
	中下部：37—36 上部叶：38—37	40	1度/1h	10—15h（前半段高湿，后半段低湿）	高温层烟叶8—9成黄	高温烟叶充分发软	低档
	42	中下部：36—35 上部叶：36	1度/2h	中下部：12—15h 上部叶：15—18h	高温层烟叶基本全黄（中间层支脉基本变黄）	高温层烟叶主脉变软，叶片开始勾尖卷边（失水程度要求高于云烟87）	高档
定色期（60—75h）	45	中下部：36 上部叶：35—36	42度升至45度，1度/3h	中下部：6—8h 上部叶：8—10h	烟叶扫青，中层支脉全黄	下部：中层叶片干燥约1/3。中上部：中层叶片干燥1/3以上。	高档
	48	37	1度/1h	10h	中层烟叶主脉褪青变黄	中层烟叶小卷筒，主脉皱缩	高档
	54	38—39	1度/2h	14—16h	黄片黄筋	整炕叶片全干（大卷筒），主脉干燥1/3左右	高档

续表

	干球（℃）	湿球（℃）	升温速度	稳温时间	变黄目标	烟叶状态	风机设置
干筋期（45—50h）	60	40	1度/1h	6h	主脉变紫、收缩	主脉干燥1/3—1/2	低档
	65—68	40—41	1度/1h	25—30h	主脉变紫	主脉全干	低档

第三节　特殊烟叶烘烤工艺

特殊烟叶是就烟叶的烘烤特性而言的，是指由于异常气候、栽培管理不当等多种因素导致烟叶不能正常生长和落黄成熟，烘烤特性较差的异常烟叶。特殊烟叶可以分为水分过多、水分过少、晚发、黑暴烟等异常烟叶，其中，水分过多的烟叶包括嫩黄烟、多雨寡照烟叶、返青烟等，水分过少的烟叶包括旱天烟、旱黄烟、旱烘烟，晚发的烟叶包括后发烟、秋后烟，黑暴烟主要是氮素营养过剩的烟叶。

一、嫩黄烟

1. 概念

嫩黄烟往往是由于栽培密度过大，在旺长期遇到长期阴雨或浇水过多等因素，导致烟叶徒长、嫩而发黄。其特点是干物质含量少，含水量多，未老先衰，烘烤时变黄快，变黑也快，耐烤性差，烤后烟叶空松且质量差。

2. 烤前管理

（1）早采收。早采第一炕烟，改善小环境。第一炕烟叶适当提早采收，可使烟叶具有稍好的干物质基础，同时可改善田间小气候，有利于之后烟叶的成熟采烤。经验表明，第一炕烟叶在绿中泛黄时采收较好。

（2）适当减小编烟、装烟密度。每杆编叶数略少于正常烟叶量，装烟密度控制在正常情况的 7 成左右。

3. 烘烤要点

烘烤要点：高温快烤，严防烤黑。

（1）高温低湿脱水，降温保湿变黄。点火后，以 1℃/h 的速度将干球温度升至 39—40℃，湿球温度控制在 34—35℃，在确保高温层烟叶不发生烤青的前提下使其尽快变软，可进行适度的内循环。当叶片变软后，保持干球温度温度不变，略提高湿球温度至 36℃，促使烟叶顺利变黄。

（2）要高温转火，快速定色。干球温度为 42℃时（湿球温度 36—37℃）要稳温一段时间，使底层烟叶达到黄带浮青、主脉变软后就转火，以每 1—2h 升 1℃ 的速度（若升温速度过快，烤房排湿困难；若升温过慢，则容易糟片或加重花片）上升到 48℃（湿球温度保持 36—37℃）顿火烘烤，使烟叶全黄不含青；之后以 1℃/h 的速度将干球温度升至 53—55℃（湿球温度 37℃）顿火干片。

（3）干筋阶段的温湿度控制与正常烟叶相似，但要及时减小通风量，以防止风量过大使烟叶褪色。

二、多雨寡日照烟

1. 多雨寡日照烟的概念

多雨寡照烟叶是在长期阴雨寡日照环境中生长而成熟的烟叶。其特点是含水较多，干物质积累相对少，蛋白质、叶绿素等含氮成分较正常烟叶含量高。若烟叶田间管理水平较高，烟叶所含水分以自由水居多，排除比较容易，主要化学成分还比较协调，内含物质还算丰富，耐烤性较好，易烤性稍差。这类烟叶只要管理精细，烘烤措施得当，仍有较多的上等烟。但若烘烤工艺和技术指标不当，容易烤出青烟或蒸片等。

2．烤前管理

（1）及时摘除杈芽，增加叶内干物质积累，改善烟叶的耐烤性。

（2）适熟采收、防止过熟。烟叶在阴雨天不易显现叶面落黄成熟特征，要根据叶脉的白亮程度和叶龄等确定烟叶是否成熟，及时采收，避免烟叶过熟。采收时机最好在午间或下午。

（3）编烟和装杆以稀为宜，以减小排湿压力。

3．烘烤要点

烘烤要点：先拿水，后拿色，防止硬变黄。

（1）变黄初期：干球温度宜适当调高，适宜的干球温度为37—38℃，然后稳定在39—40℃，促使烟叶变暖、出汗、发软，加快叶绿素和蛋白质的分解转化。湿球温度宜低，干、湿球温度差异大，干湿球温度差保持在3—5℃较好，在烘烤12—24h后烟叶变软凋萎为宜。若湿球温度过高则应加强排湿。

（2）变黄中后期：在烟叶变软塌架后，转入基本正常稳温，使之变黄，并保证烟叶变黄与干燥同步。变黄程度达到3—4成时，应将干球温度升到40—42℃，湿球温度稳定在36—37℃，以加速变黄，防止干物质过度消耗，从而影响烟叶外观质量和内在品质。

（3）转火控制：转火时烟叶变黄程度宜低、失水干燥程度宜高、转火宜早不宜迟。转火烟叶变黄以8成左右为宜，即二级支脉少部分变黄，三级支脉大部分变黄；干燥程度要充分塌架，支脉变软，主脉尖部变软。

（4）定色阶段：烧火要稳，升温要准，排湿要快，必要时要控温排湿。以

2—3h升温1℃的速度将干球温度提升到46—48℃，稳定到高温区，使烟叶勾尖卷边小卷筒，中温区烟叶完全变黄，低温区烟叶基本变黄（仅有叶基部和主脉两侧含青）。然后以2—3h提升1℃的速度升到54℃稳温干叶。定色阶段湿球温度宜稍低，湿球温度在干球温度50℃前控制在36—37℃之间，干球温度达50℃后控制在38—39℃之间。

（5）干筋阶段：操作同正常烟叶。

三、返青烟

1. 概念

返青烟是指已经达到或接近成熟的烟叶因受较长时间降雨或长期阴雨寡照的影响，导致烟叶明显转青发嫩，失去原有成熟特征。这类烟叶的特点是：叶色由落黄返绿，尤其是叶脉、叶内水分较大幅度增加，而且叶内蛋白质、叶绿素明显增加，碳水化合物明显减少，化学成分趋于不协调。这些因素导致了烟叶变黄和脱水困难，烘烤难度大，烟叶烘烤中变黄先慢后快，变黄后变黑速度明显加快，同时容易出现青黄烟、青筋、花片、烤黑等现象。

2. 烤前管理

（1）加强田间中后期管理。在雨前、雨中、雨后及时做好田间开沟排水措施，及时排除田间水分，达到雨停沟干的效果。

（2）把握合理采收时机。对于雨前发育正常、成熟良好的返青烟叶，如果雨过天晴，一般需要再等待10天左右，待烟叶重新呈现成熟特征时采收和烘烤；对于本来水分就大而容易发生烘片的烟叶，则应在雨后及时采收；如果短时大雨以后天气转好，应等2—3天后再采收；如果长期阴雨连绵，则结合移栽时间、打顶时间、烟叶部位等情况及时采收。

（3）稀编烟，稀装烟。具体密度要根据鲜烟叶和鲜干叶的比例来安排，比值大于10的装烟7—8成；比值为8—9的可装8—9成。

3.烘烤要点

烘烤要点：高温变黄，低温定色，边变黄边定色。

（1）变黄阶段：烟叶装炕时，若烟叶表面有明水，装炕后先不点火，应先手动开启排湿窗，开启高速挡循环风机，将明水排除后再点火开烤。点火后，以 1h 升温 1℃的速度将干球温度提升到 40℃左右，将干湿球温度差尽快增至 3℃左右，以促进烟叶水分气化和排除，同时保持较快的变黄速度，稳温烘烤至高温层烟叶达到黄带浮青、主脉变软的程度。

（2）定色阶段：烟叶变化达标后应立即转火，并以 2—3h 升温 1℃的速度将干球温度提高到 46—47℃，湿球温度达 37℃左右稳定烘烤，充分延长烘烤时间，使中温层烟叶完全变黄且达小卷筒的状态。此后，以 2h 左右升温 1℃的速度将干球温度升至 54—55℃，实现全炕干片。

（3）干筋阶段：转入正常烘烤。

（4）注意事项：返青烟的叶基部与叶尖部成熟差异很大，变黄阶段温度高，而且又是边变黄、边定色，所以，变黄阶段就要注意火力控制，定色过程烧火升温要稳，防止挂灰和蒸片。

四、旱天烟

1.概念

旱天烟指在干旱地区或非灌溉烟田在干旱气候条件下形成的烟叶。这类烟叶的特点是：（1）水分含量较少，鲜干比多为 5—6，甚至在 4 以下，同时，在水分组成中，结合水所占比例相应增加，自由水所占的比例显著减少。（2）结构较紧密，烟叶脱水相对困难。因而旱天烟叶更容易出现挂灰和回青现象，尤其是当烟叶含水尚多时，急升温极易回青与挂灰。（3）干物质积累较为充实，对提高烟叶的耐烤性有利。（4）该烟叶发育和成熟缓慢，内含物较充实、较耐成熟。加之大气干燥，不易发病，也有利于烟叶养熟。

2. 烤前管理

（1）在田间充分养熟后，趁露采收，增加烟叶水分和烤房湿度。

（2）稀编烟、稠装烟，创造有利于保湿和均匀排湿的条件。

（3）防止采收烟叶受太阳暴晒，降低自身和烤房有效水分。

3. 烘烤要点

烘烤要点：中温保湿变黄，高温转火；先拿色，后拿水；大胆变黄，保湿变黄，补湿变黄。具体措施如下：

（1）变黄阶段，湿球温度宜稍高，保持在36.5—37.5℃。

（2）转火时间宜晚，烟叶变黄程度要稍高，可达到叶片接近全黄，支脉大部分变黄。定色阶段前期，升温速度要慢，扫除残余青色，后期加快。

（3）整个烘烤过程湿球温度宜稍高。在干球温度为38—42℃时，干湿球温度差保持在1—3℃；干球温度为42—50℃时，湿球温度保持在39—40℃；干球温度超过50℃后，湿球温度保持在40—41℃。

五、旱黄烟

1. 旱黄烟的概念

旱黄烟是指烟叶旺长至成熟过程中遭遇严重的空气干旱和土壤干旱双重胁迫，不能正常吸收营养和水分，从而"未老先衰"，提早表现出落黄现象的假熟烟叶。这类烟叶在丘陵旱薄地最为常见，其特点是：营养不良，发育不全，不够成熟（假熟），内含物质欠充实，化学组成不合理，含水量较少，叶片结构密，保水能力强，脱水较困难。烘烤中变黄较困难，甚至会出现回青（烟叶在烤房内的含青度大于在大田的含青度）再变黄的现象，变黄速度较慢，容易烤青。定色过程容易挂灰，也容易出现大小花片。

2．烤前管理

若天气好转，烟叶仍能恢复生长，则养熟再采收。但若持续干旱，则适当早采，防止旱烘，当烟叶出现枯尖焦边时应及时采收。采"露水烟"，装炕应稀编杆、装满炕（10 成炕），以利保湿变黄。由于旱黄烟耐烤性较低且脱水较困难，故而装炕也不宜过密，以防"闷炕"。

3．烘烤要点

烘烤要点：高温保湿变黄，高温转火，加速定色。

（1）变黄阶段：高温保湿变黄。点火时干球温度宜稍高，37℃时封火，控制在 39—40℃，以促使烟叶脱除适量水分，增加烤房内湿度，保证正常变黄；等到叶片发软后，再使干球温度稳定在 38℃左右，保湿变黄，以防烟叶失水过多而难以变黄；高温层烟叶变黄 3—4 成时，干球温度至提高 41—42℃加速变黄，以防止烟叶内含物过度消耗而使烟叶挂灰或颜色灰暗。变黄阶段的湿球温度宜稍高，保持干湿球温度差在 1—2℃，必要时还应向烤房内加水补湿。

（2）定色阶段：高温转火，加速定色。在叶片大部分变黄、支脉尖部变黄、充分塌架后转火。定色阶段升温速度要慢中求快，先慢后快。先以 2—3h 升温 1℃的速度将干球温度升到 46—48℃，稳定到二棚以上烟叶基本全黄，其余主脉和一级支脉基部含青，再以 1—2h 升温 1℃的速度将干球温度升到 54—55℃稳定至干叶。定色阶段湿球温度宜稍低，一般在干球温度在 50℃前将湿球温度控制 38℃左右，干球温度达 50℃后将湿球温度控制在 39℃左右。

（3）干筋阶段：同正常烟叶烘烤。

六、后发烟

1．后发烟的概念

后发烟是指烟株大田生长前期（5—6 月）出现长期干旱或烟田施肥欠缺而

导致其合理生长发育缓慢，以及 7 月到成熟采烤期，阴雨连绵、降雨过多，烟株徒长或返青形成的烟叶。这类烟叶内含物组成不协调，叶龄往往较长，干物质积累较多，身份较厚，叶片组织结构紧实，保水能力强，难以真正成熟，有时叶面落黄极不均匀，或者尖部黄基部青反差过大，或者叶片黄叶脉绿差异过大，或者泡斑处落黄（甚至发白）而凹陷处却浓绿不落黄，难以准确判断成熟度和调制时的变黄程度。在烘烤时，容易表现变黄困难而烤青，也会因脱水困难、难定色而烤黑，烤后烟叶常出现不同程度挂灰、红棕、杂色、僵硬等情况。

2. 烤前管理

（1）加强田间管理。清除烟杈和田间杂草，提高鲜烟素质；后发烟容易流行烟草赤星病，需要采取综合防治措施。

（2）适时采收。要根据烟叶熟相和叶龄综合分析，要尽可能使其表现成熟特征，叶龄达到或略多于营养水平的烟叶即可采收。

（3）合理装炕。编杆宜略稀，装烟杆距视烟叶水分而定，不宜过稀。

3. 烘烤要点

（1）烟叶变黄温度以 38℃左右为宜，定色阶段的升温速度宜慢不宜快，以促进内含物质在较高温度下转化，使黄烟等青烟身份变薄、色泽略浅。在 46—47℃以前，以平均 1℃/4h 的速度升温，之后以平均约 1℃/3h 的速度升温，达到 54℃以后充分延长其时间。根据烟叶变化，可以适当在 41—42℃和 46—48℃分别延长时间。

（2）湿球温度控制。在正常范围内以适宜略偏低为宜，通常变黄阶段可保持干湿球温度差为 3℃左右，以较大干湿球温度差促烟叶逐渐变软。若烟叶迟迟不发软，也可将干湿球温度差扩大到 4℃以上。在定色阶段，干球温度在42℃之前可保持干湿球温度差 3—5℃，越难烤的烟叶干湿球温度差越大。42℃至 54℃时湿球温度可以保持在 38℃，稳温阶段提高到 39℃。

（3）转火时的变黄程度不宜高，根据烟叶素质，达5—7成黄即可，残留多的绿色在慢升温过程中完成变黄。转火时的干燥程度应达叶片发软的状态，否则，要保持温度，扩大干湿球温度差并延长时间。

（4）整个定色过程要慢升温、逐渐排湿，既不要在某一温度上久拖，也不可跳跃式大跨度升温，使烟叶边变黄、边干燥，而是通过时间的延续完成内在转化和定色。

七、秋后烟

1. 概念

在不利于烘烤的秋后气候条件下采烤的烟叶叫秋后烟。这类烟叶特点是：烟叶成熟迟缓，叶内含水量少，尤其是自由水含量，叶片厚实，叶组织细胞排列紧实，内含物质充实，烘烤特性差，容易烤青和挂灰。烘烤前期湿度不容易达到要求，特别是高温层烟叶由于湿度低变黄更加困难导致烤青，甚至未完全变黄就出现挂灰的现象。再加上入秋后凌晨气温低，排湿时烧大火也很难升温，甚至出现降温，使烟叶变化过度，极可能出现猛升温或大幅度降温引起挂灰，或者烤后烟叶又黑又青。

2. 烤前管理

烤前管理：在采收烘烤之前首先要整修烤房，使其严密、保温保湿。采收时以叶龄为主，适当早采，趁露采烟增加炕内水分。绑杆时，烟叶数量要适中，一般每杆120片左右；装烟要密，以便于增加烤房湿度。

3. 烘烤要点

（1）保温保湿变黄，缓慢升温。变黄阶段前期要保温保湿，湿球温度达不到指标时，可以在地面泼水增湿。点火升温要慢，先在干球温度32—34℃，湿球温度31—33℃保持12—24h；随后以每1.5—2h升温1℃的速度提高干球温度到 37—38℃，保持湿球温度在 36—37℃，再稳定 12—24h；再以 3—4h 升温 1℃的速度提高干球温度到 40—42℃，保持湿球温度在 38—39℃加速变黄，并使烟叶排除部分水分，增加烤房内湿度，有利于正常变黄。

（2）烟叶充分变黄，慢速定色。当底棚烟叶基本全黄且变软塌架、二棚黄片青筋塌架时，开始逐步缓慢升温定色。以 2—3h 升温 1℃的速度提高干球温度到 47—48℃，将湿球温度保持在 39℃左右，拉长时间，适当排湿，直至全炕烟叶基本全黄、底棚叶片 1/3—1/2 干燥为止；再缓慢升温至干球温度 54℃，保持湿球温度稳定在 39—40℃，至全炕干叶，然后完成定色。

（3）火力稳中加大。烧火时要注意气温的变化趋势和天窗、进气门的开度状况，特别是凌晨前后。要加大火力，谨防掉温，上午 8—9 点以后，适当控制火力，防止猛升温。

（4）天窗、进气门的操作要谨慎，要少量多次，勤开勤关，保持烤房内温湿度的稳定，防止湿球温度上下波动。

第三章　智能烘烤

烟叶烘烤中的变黄和干燥过程一直都以人的眼光和经验为基础进行粗略的判断，烟叶烘烤的一些工艺理论也建立在此基础上。即使国内大量推广的密集烤房自控设备，也只是单纯地提供温湿度控制系统，烘烤过程中仍需要技术人员持续观察判断烟叶颜色和形态变化，根据烘烤工艺决策，再通过自控设备调整烤房的温湿度及烘烤时间，整个烘烤过程仍然在烘烤人员掌控下进行，自控设备通常只是烘烤人员操作控温控湿的工具。

智能烘烤建立在科学仪器检测的基础上，利用现代检测、无损检测技术与人工智能技术，突破传统烤烟烘烤过程中通过人对烟叶外观颜色和干燥变化协调性判断的各种局限。通过烟叶烘烤信息采集系统，对烘烤过程中烟叶图像颜色、含水率、关键物质或酶活实时检测及烘烤工艺策略及算法的智能控制，实现烟叶烘烤过程中决策系统对干球温度、湿球温度、烘烤时间等设备参数进行全自动设定及精确调控，从而完全取代人在其中的调控作用。这种智能烘烤从根本上改变了传统人为主观判断的烘烤模式，使得烟叶烤黄、烤干、烤香的过程变得更加精准化和智能化。

第一节　图像智能烘烤研发

一、烟叶烘烤过程中图像颜色信息采集

（1）特殊图像采集系统

烘烤过程中烟叶图像的"高保真"采集是实现烟叶智能烘烤的基础，特殊图像采集系统包含图像采集箱体、摄像头、连接电脑进行数据采集装置、屏蔽门、屏蔽门加压装置、屏蔽门限位器、屏蔽门驱动装置、带过滤器散热及加压风机、带过滤器散热窗、密封装置，滑轨滑槽等配件。该系统克服了烤房高温高湿环境对烟叶图像的影响，避免图像失真。

图像采集系统箱体选用防锈防火材质，选用304不锈钢设计制作。补光光源选用圆盘形发光装置以均衡漫光，显色指数Ra90，灯珠20到30颗，最大外径为150 mm到200 mm，耐高温80℃，耐湿度100%。镜头选用500万像素大广角，自动变焦，耐温80度镜头，摄像头置于烤房内，摄像机身置于烤房外，以减轻图像采集器受高温高湿的影响。温度实时采集器可以在拍照的同时记录当时温度，以便于算法进行图像识别。相机选择适应烤房高温高湿工况环境，采集真色的CCD彩色相机。图像采集卡选择PCI或AGP兼容的捕获卡，可以将图像迅速地传送到计算机存储器进行处理。

（2）图像信息处理系统

图像采集转换成图像数字信号，并传送给专用的图像处理系统，图像分析判定系统对这些信号进行各种运算来抽取目标的特征，判断出当前烤房中的烟叶处于什么状态，并将其转变成数字化信号，从而自动调整烘烤参数来实现全自动化智能化控制烘烤。

根据以上技术，图像采集器采用800万像素AF自动对高清彩色摄像模组进行开发，达到了像集器产品条件要求（见表2-3-1、表2-3-2）。

表 2-3-1　图像集器产品条件要求

条件	范围
工作电压	USB DS+5V Supply
工作电流	110mA
工作温度	-20℃—+70℃
存储温度	-20℃—+105℃
湿度	80—85%

表 2-3-2　图像采集器产品开发技术参数

项目	参数
传感器	1/3.2lnch CMOS IMX179
像元尺寸	1.4um
最大分辨率	3264H×2448V
角度	70°
动态范围	72.5dB
图像颜色	真彩色
白平衡	自动
对焦方式	AF 自动对焦
输出	USB2.0
视屏格式	MJPEG，YUY2
USB 接口	UPB 座子 5P1.5 mm 插件
模块尺寸	32×32 mm
格式分辨率	MJPG：3264×2448/15fps，2592×1944/15fps，2048×1536/15fps，1920×1080/30fps，1280×720/30fps，800×600/30fps，640×480/30fps

屏蔽门驱动器采用24V、2A电机驱动开发。根据采图窗口尺寸及屏蔽门尺寸，制作直线运动电机，行程约150—200 mm；根据驱动推力确定，驱动重量3 kg，密封压力4 kg，电机选用推力100N，速度24 mm/S（见表2-3-3）。

表 2-3-3　驱动装置设计要求技术表

项目	参数
输出电压（Vdc）	24
最大推力（N）	100
行程（mm）	150—200
最小安装尺寸（mm）	（150—200）+105
速度（mm/s）	24
工作温度（℃）	-99
存储温度（℃）	–30—+80
湿度（%）	80—85
使用寿命（万次）	6
噪音等级（dB）	低于48

二、烟叶烘烤含水率实时监测或预测

（1）水分检测系统

采用称重的方式来实时采集检测烘烤中的烟叶水分，不需要把烟叶移出烤房，只需在烤房内加装称重传感器，即可实时测出烟叶在线重量变化，进而就得出烟叶失水情况。但是要以保证数据的准确性，即在检测时需保证烟叶不受到周边环境的干扰。

水分含量计算公式％：

X=（m1-m2）/（m1）*100％

X 表示烟叶的水分含水量

m1 表示烘烤前总重量，含隔离网箱重量

m2 表示烘烤后总重量，含隔离网箱重量

根据以上会计式可以实时计算出烘烤过程中烟叶在不同时间的失水率。

（2）失水率特征分析模型

烟叶烘烤过程中，烟叶变化过程就是水分不断丢失、颜色不断变化过程，水分的丢失表现在颜色的变化、形态的变化、纹理的变化上。对以上状态变化进行综合分析从而判断出烟叶水分的失水状态，也就是综合整体颜色特征提取分析模型、局部颜色特征提取模型、形态特征提取分析模型、纹理特征提取分析模型、CNN 卷积特征提取分析模型的判定结果来分析计算出烟叶失水状态。失水率特征分析模型需要建立在各大分析判定模型基础上，需要对大量不同烘烤阶段、不同部位、不同区域、不同品种、不同品质的烟叶图像进行大量数据实验。

失水率特征分析模型还可以借助重量传感器来判定，采用重量传感器实时记录烟叶重量，当前重量和初始时刻的比值即为失水率。

第二节 烟叶智能烘烤模型

一、图像处理方法

（1）整体颜色特征

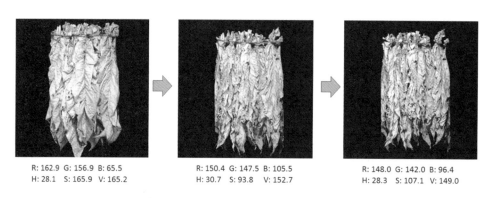

R: 162.9 G: 156.9 B: 65.5
H: 28.1 S: 165.9 V: 165.2

R: 150.4 G: 147.5 B: 105.5
H: 30.7 S: 93.8 V: 152.7

R: 148.0 G: 142.0 B: 96.4
H: 28.3 S: 107.1 V: 149.0

图 2-3-1 整体颜色变化

如图 2-3-1 所示，烟叶在烘烤过程中，其整体颜色由青变黄，前景图各个通道的 RGB 均值可以作为前景图颜色的特征值，同时考虑到不同颜色空间对颜色有不同层次的表现能力，将原图由 RGB 空间转换为 HSV 空间并计算 HSV 空间中的每个通道的平均值，将计算得到的 R、G、B、H、S、V 六个值作为前景图的整体颜色特征值。

（2）局部颜色特征

R: 171.5　G: 181.7　B: 126.7
S: 35.7　S: 82.2　V: 182.1

R: 158.4 G: 175.7 B: 147.8
H: 53.4　S: 49.7　V: 176.1

R: 126.1 G: 121.1 B: 99.0
H: 28.4 S: 56.4 V: 126.8

图 2-3-2　主筋脉颜色变化

图 2-3-2 是主筋脉颜色变化图，在传统烟叶烘烤工艺中，温度控制点的设定与许多细节处颜色特征相对应（40 度时烟叶中小支脉附近变黄，42 度时小支脉整体变白），采取与整体颜色特征提取相同的方法，计算小支脉附近处烟叶的颜色和小支脉本身的颜色在 RGB 和 HSV 空间中各通道的均值作为前景图局部颜色特征。上图显示了不同烘烤阶段主筋脉颜色特征值的变化。

（3）纹理特征

纹理特征值
(105324.0, 50032.09, 2503210384)
(104804.0, 48927.94, 2393943824)
(104940.0, 49218.58, 2422469008)
(104804.0, 48927.94, 2393943824)

纹理特征值
(82088.0, 49431.49, 2443472448)
(81672.0, 48737.54, 2375348288)
(81830.0, 49001.85, 2401181604)
(81672.0, 48737.54, 2375348288)

纹理特征值
(72504.0, 31013.91, 961862720)
(72030.0, 29889.02, 893353604)
(72105.0, 30069.31, 904163729)
(72030.0, 29889.02, 893353604)

图 2-3-3　纹理特征变化

在烟叶烘烤过程中，叶面由于脱水卷曲导致页面纹理也在不断变化。从图2-3-3纹理特征变化中可以明显看出，开始烘烤时，烟叶叶片光滑舒展，烟叶中的皱褶较少，烘烤时间越长，叶片卷曲的程度越高，叶片中的皱褶也越来越多。基于灰度共生矩阵的纹理特征可以用来描述该变化过程。

（4）体积特征

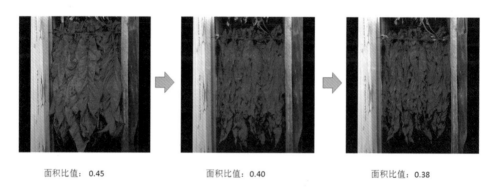

面积比值：0.45　　　　　面积比值：0.40　　　　　面积比值：0.38

图 2-3-4　前景面积变化

在烘烤过程中，叶片中的水分逐渐流失，烟叶整体体积不断减小至稳定；图 2-3-4 前景红色区域即为烟叶前景，可以看到，红色区域面积随着烘烤的进行在不断减小，当前烟叶前景的面积与初始时刻前景的面积比值可以用来表述烟叶的失水情况和皱褶程度。

（5）失水率特征

烘烤过程过程中烟叶形态会发生变化，当前时刻烟叶的形态与初始时刻的形态比值可以描述烟叶的失水程度。

二、烟叶特征提取模型

根据采集图片提取相关信息，结合试验需求，目前已初步得出以下几个模型：

（1）整体颜色特征提取分析模型

烤烟过程中，烟叶整体色彩一直都在变化（由青变黄），可以提取烟叶的整体色彩值作为识别的一个主要特征。使用图像预处理算法对训练集和测试集中的所有图片进行处理，得到预处理操作后的训练集和测试集；训练集和测试集中的所有图片都使用 RGB 颜色空间，将所有训练集中的图片按照所属类别计算得到该类别下所有烟叶图片的 RGB 总均值，在得到的 RGB 总均值的基础上，使用 RGB 颜色空间到 HSV 颜色空间的转换公式计算得到训练集图片在 HSV 颜色空间中 HSV 的总均值，将上述计算的得到的 R、G、B、H、S、V 总均值作为烟叶图片各类别的整体颜色特征向量。然而使用如下代码计算不同温度阶段样本前景图的 R、G、B、H、S、V 总均值。

最终得到烟叶整体颜色特征如下表所示。

表 2-3-5　烟叶整体颜色特征

整体颜色特征	R	G	B	H	S	V
变黄（33 度）	28.98559	137.6638	124.4221	33.68539	211.0334	140.683
变黄（38 度）	38.57855	140.9432	141.5237	29.62675	212.5255	146.98
变黄（40 度）	78.55272	155.6312	167.4217	26.26303	148.1976	168.1518
变黄（42 度）	107.3094	154.2366	154.3205	32.4003	96.32923	157.6146
定色（45 度）	106.5534	148.5321	151.1236	31.14159	93.39858	153.5185
定色（48 度）	104.6428	145.0961	149.0159	30.37808	95.19472	150.9826
定色（51 度）	103.4023	146.3611	151.2007	29.61248	99.35446	152.8581
干筋（54 度）	102.2867	146.7036	151.5612	29.418	101.4612	153.1209
干筋（60 度）	102.0156	146.9476	151.9219	29.22505	102.0616	153.2709
干筋（68 度）	95.815	141.6778	148.2334	28.22364	109.2188	149.2211

由表 2-3-5 可知，变黄（33 度）至变黄（40 度）阶段，RGB 和 HSV 颜色空间数值都有较明显的变化；变黄（42 度）至干筋（68 度）阶段，RGB

和 HSV 颜色空间数值趋于稳定；整体颜色可以作为区分变黄（33 度）至变黄（40 度）阶段的重要特征。

（2）局部颜色特征提取分析模型

通过观察可知，在烘烤过程中，烟叶根茎部分的颜色一直在变化（由青变白再变褐），可以提取烟叶局部位置的色彩值作为识别的一个主要特征。对预处理操作后的训练集中的每张图片使用图像语义分割技术分割，从而得到茎部图像，所有得到的茎部图像构成了茎部图像训练集，然后使用与计算整体颜色特征相同的方法计算茎部图像训练集上不同温度阶段对应的 R、G、B、H、S、V 总均值将其作为各类别的局部颜色特征向量。

最终得到烟叶局部颜色特征如下表所示。

表 2-3-6　烟叶局部颜色特征

局部颜色特征	R	G	B	H	S	V
变黄（33 度）	105.93025	154.492	136.6434	35.12191	97.3493	154.7116
变黄（38 度）	104.33102	150.4674	142.0018	32.68671	93.7153	151.8783
变黄（40 度）	108.145	156.4141	153.3125	32.9744	91.05542	160.7706
变黄（42 度）	116.8869	154.2861	138.2176	38.59089	87.30432	155.7851
定色（45 度）	140.2987	167.4704	152.1403	53.1951	52.93957	168.6926
定色（48 度）	142.2516	168.5237	156.8918	49.38877	49.23513	169.7507
定色（51 度）	139.4277	169.2676	160.1516	45.20694	53.06079	170.7832
干筋（54 度）	128.7576	159.7216	153.4286	41.24326	58.02462	161.6962
干筋（60 度）	108.4789	132.7844	134.1655	34.86294	60.69841	137.4458
干筋（68 度）	97.17059	122.5966	127.7227	30.35075	70.78837	129.7092

由表 2-3-6 可知，变黄（33 度）至变黄（42 度）阶段，RGB 和 HSV 颜色空间数值变化较小；定色（45 度）至干筋（68 度）阶段，RGB 和 HSV 颜色空间颜色数值变化较明显，这与实际烤烟中定色干筋阶段时筋部颜色由青变白再

变褐相对应，所以局部颜色可当作区分定色（45度）至干筋（68度）阶段的重要特征。

（3）形状特征提取分析模型

如特征初步一节中所述，在烘烤过程中，叶片的水分逐渐流失，烟叶整体体积不断减小至稳定；当前烟叶前景的面积与初始时刻前景的面积的比值可以表示烟叶的失水情况和皱褶程度。由于面积比值的计算与烤烟批次的初始图像有关，我们将集中的数据按批次划分并分别计算每批次数据的前景面积比值，从而得到不同批次烟叶的形状特征，然后再按照烟叶所属状态阶段来统计训练数据中同阶段的数据面积比值的取值范围。

最终计算得到形状特征数据如下表所示。

表 2-3-7　形状特征数据

形状特征	面积比值
变黄（33度）	1.0—0.95
变黄（38度）	0.94—0.85
变黄（40度）	0.87—0.81
变黄（42度）	0.80—0.75
定色（45度）	0.76—0.74
定色（48度）	0.76—0.75
定色（51度）	0.76—0.74
干筋（54度）	0.75—0.74
干筋（60度）	0.76—0.74
干筋（68度）	0.76—0.73

由表 2-3-7 可知，烟叶在变黄（42度）至定色（45度）时面积比值将趋于稳定（0.76—0.74），变黄（42度）前的各阶段则一直变化，所以可以使用面积比值来作为识别变黄（33度）至变黄（42度）阶段的特征。

（4）纹理特征提取分析模型

如特征初步一节中所述，开始烘烤时烟叶叶片光滑舒展，烟叶中的皱褶较少，烘烤时间越长，叶片卷曲越厉害，叶片中的皱褶也越来越多。上述变化过程可使用纹理特征来描述，纹理特征的提取方式多样，我们使用经典的灰度共生矩阵算法来提取烟叶的纹理特征。使用灰度共生矩阵算法对所有训练数据中的图片提取描述纹理的四个特征值（对比度、熵、自相关、能量），然后按烟叶所属类别计算出每个类别的四个纹理特征值的均值，用均值作为每个类别的纹理特征值。

最终得到各类别的纹理特征值如下表所示。

表 2-3-8　各类别的纹理特征值

纹理特征	对比度	熵	自相关	能量
变黄（33 度）	206.3257	0.52571	0.978172	0.276371
变黄（38 度）	196.8447	0.548987	0.980541	0.301387
变黄（40 度）	292.8271	0.554157	0.978043	0.307091
变黄（42 度）	389.8453	0.571097	0.970676	0.326153
定色（45 度）	479.0291	0.587229	0.961538	0.344838
定色（48 度）	478.6207	0.596423	0.960032	0.355721
定色（51 度）	518.8765	0.603517	0.957393	0.364233
干筋（54 度）	579.3423	0.603531	0.952479	0.36425
干筋（60 度）	562.2234	0.604345	0.954216	0.365233
干筋（68 度）	570.8792	0.612327	0.950415	0.374945

由表 2-3-8 可知，变黄（33 度）至干筋（68 度），纹理的各个特征值都存在明显变化，纹理特征可作为区分烤烟所有阶段的依据。

第三节　烟叶智能烘烤的控制系统

烟叶智能烘烤控制系统研发是基于空气源热泵或生物质密集烤房智能化控制系统的运用经验，其包括图像处理模块、含水率监测模块、烘烤工艺智能决策模块等，可以实现烟叶监测系统智能监测烟叶烘烤过程中颜色、水分、关键物质等特征的实时动态状态，并通过智能循环学习后做出判定并自动调整烘烤工艺，从而实现全程智能化控制烟叶烘烤。

（1）前端执行硬件

为满足系统运行，前端设备包括热泵机组、循环风机、新风风阀、辅助加热、图像采集系统加压冷却风机、屏蔽门驱动器、图像采集器、干湿温度采集传感器等。

（2）智能烤房配置

烤房配置设计有特殊图像采集系统对接安装口，以满足图像数据采集和烟叶水分检测试验。电脑前端根据配置的温度曲线控制烤房内烘烤温度，用户可以通过前端显示器实时监控前端软件的运行状态，从而修改温度控制曲线和控制软件起停。电脑前端工作时将定时采集的图片、温度、时间等信息通过网络上传给算法服务器，算法服务器存储电脑前端上传的信息并对上传的图片进行识别，将识别的结果返回给电脑前端以用于温度调控。手机客户端通过网络向算法服务器请求前端上传的图像、温度、时间等信息，并显示给用户，用户可以远程实时监控烤房最新状态；同时，用户也可以在手机客户端提交温度曲线修改的指导信息，进而更新软件系统。

（3）控制系统软件

控制系统软件运行于烤房现场的前端电脑中，通过该软件的直接控制烤房的硬件设备，从而实时了解烤房内部状态。使用软件前，用户需完成与本次烤烟相关的参数配置，软件将根据配置参数自动控制烤房设备进行烘烤。烘烤过程中，软件将定期采集图片并上传给服务器进行分析，得到分析结果后进行温度调控。根据上述需求，可将控制软件细分为以下核心功能：

登录权限管理功能：进入主界面前需使用账号、密码登录系统；不同账号和密码对应不同的使用权限，用户权限分为普通用户与专家用户，使用普通用户权限登录系统，只能查看系统的运行状态（例：当前干湿球温度，实际温度曲线），不能做出改变系统运行状态的操作（例：更改目标温度值，配置软件系统参数，控制烤房硬件工作），而使用专家权限登录的用户，可以不受限制地对软件系统进行操作。

系统参数配置功能：需提供一个参数配置界面，可以在这个界面中配置系统常用的参数（例：采集图片的分辨率、算法服务器的网址和端口、采集图片的时间间隔、烘烤使用的温度曲线模板）。

烟叶图片等信息的采集与上传功能：根据配置窗口中所设定的采集图片的时间间隔参数和采集图片的分辨率参数，定时采集烟叶图片并上传到配置窗口中指定网址的算法服务器上，服务器接收到数据后，将数据存储到数据库中。

烤房硬件控制功能：将控制系统软件与烤房硬件系统结合，可直接感知烤房内部状态（通过干湿球温度计感知室内干湿球温度，通过重量传感器感知烟叶失水程度），控制烤房硬件设备的开闭（通过控制电器间接控制烤房加热器、排湿窗口、循环风机、灯光、图像采集活动阀门等硬件设备）。

温度控制功能：温度控制模块会根据温度传感器采集的信息和当前目标温度的数值自动控制烤房的加热设备、排湿设备，使烤房内的干湿球温度和当前目标保持一致。

日志记录功能：进入主界面后每一次改变软件状态的操作，都会显示在日志记录框中并记录下来，阅读日志文件可快速了解当前软件的运行状态。

异常情况恢复功能：烘烤过程中可能出现各种异常情况（例：电脑断电、系统故障等）导致烘烤中止，当排除异常后，重新打开软件，可以选择继续之前的状态烘烤以减少不必要的损失。

温度曲线修改功能：用户发现当前目标温度与自己的判断不一致并希望修改目标温度时，系统可提供一个修改界面供用户修改目标温度曲线。

烤烟记录查询功能：每次烤烟的数据都会被系统记录下来，当用户需要查看历史数据时，软件可提供一个界面供用户使用。

（4）数据库系统

服务器端需要用合理的方式将电脑前端上传的数据，存储在服务器中，同时，当用户查询储存数据时，数据能以合适的方式组合并返回。为实现这一功能，可使用 MySQL 数据库和服务器调用 SQL 语句来完成数据存储和查询。数据库系统核心功能描述如下：

上传数据存储：存储电脑前端上传的图片、温度、上传时间等信息。

存储数据查询：执行查询语句，并返回查询结果。

（5）服务器设计

服务器需要与电脑前端、手机 APP① 端和数据库交互，协调三者之间的数据流动。服务器接受前端定时上传的数据并存储到数据库系统中，当手机 APP 需要更新显示时将向服务器请求数据，从而转发给手机 APP 端；同时，服务器还可运行图像处理算法，每次电脑前端上传图片到服务器后，服务器将使用该算法对图片进行处理，并将处理的结果返回给电脑前端。服务器需求可以细分为以下核心功能：

协调电脑前端和手机 APP 端功能：电脑前端和手机 APP 端都需要与算法服务器进行数据交互，电脑前端上传给算法服务器的数据（图片，温度，时间）可以被手机 APP 端请求得到并显示在手机界面中供用户浏览；同时，用户在手机 APP 端提交的温度修改指导信息也会上传给算法服务器进行处理并最终转发给电脑前端实现数据修改。

运行图像处理算法识别图像功能：图像识别算法会消耗过多的硬件资源，将图像识别算法放到算法服务器中而不是电脑前端可以大量降低系统成本，提高资源利用效率；前端采集的图片通过网络上传到算法服务器后，算法服务器运用图像识别算法得到识别结果并返回给电脑前端。

---

① 注："APP"为"Application"的缩写形式，指智能手机的第三方应用程序。

与数据库交互的数据功能：上传的图像数据会存储在算法服务器的数据库系统中供需要时提取。

（6）手机 APP 客户端软件

用户可以在手机端安装 APP 客户端，在烘烤过程中，可以在远离烤房的位置实时查看最新采集的数据，掌控烤房的运行状态。当发现异常情况时，用户也可以在 APP 中提交反馈信息，反馈信息将最终作用于电脑前端，改变烤房的运行状态。该手机 APP 端核心功能如下：

登录权限管理功能：进入主界面前需使用账号、密码登录系统；不同账号和密码对应不同的使用权限，用户权限分为普通用户与专家用户，使用普通用户权限登录系统，只能查看图片和温度数值，不能提交目标温度的修改意见，而使用专家权限登录的用户，可以不受限制地对软件系统进行操作。

采集信息实时查看功能：APP 可以实时向算法服务器请求电脑前端上传的图片、温度、时间等信息并用列表方式进行展示，用户可以在列表中查看多张烟叶图片的略览图和对应的干湿球温度，当需要查看图片细节时，可以点击列表旁的查看按键加载电脑前端上传的原图。

烘烤过程实际温度曲线显示功能：当前烘烤批次中的所有温度数会据被绘制成温度曲线，显示在 APP 界面中方便用户浏览和分析。

温度曲线修改功能：用户通过最新获取的图片信息和温度信息，可对当前目标温度数值是否合理进行判断，如果需要重新设定目标温度值，可以在 APP 提供的温度修改界面中提交修改指导意见，指导信息将提交给算法服务器进行处理，并最终转发给电脑前端实现目标温度的修改。

（7）智能烘烤实例

烟叶图像采集与识别模型的优化和智能试验烤房集成，形成了基于图像的智能烘烤系统。该系统在多点开展烟叶智能烘烤测试共计 30 余炕，为图像识别分析模型和智能控制逻辑的优化奠定了基础。开展了基于图像的烟叶无人干预烘烤多炕测试，该系统的平均智能识别和控制精度达人为干预烘烤水平，烤后烟叶外观质量达到现有烟叶烘烤平均水平，从而实现了无人干预的烟叶烘烤。

第四章　烤后烟叶外观质量评价

第一节　烟叶外观质量识别方法

烟叶质量是一个综合性概念。烟叶本身的色、香、味与其物理性质、化学性质、使用价值以及安全性有密切关系。衡量烟叶质量的主要要素包括：外观质量、吸食性状（内在质量）、化学成分、物理特性、安全性、客户质量（使用质量）等。

烟叶外观质量在很大程度上能够反映出烟叶的化学品质或吸食品质，外观质量评价具有评价速度快、结果准、成本低等特点，是烟叶烘烤、收购、验收、工商交界等环节中衡量烟叶质量的重要方法。烟叶外观质量的评价主要是通过对部位、颜色、成熟度、身份、油分、叶片结构、色度、长度、残伤等来判断。

一、部位划分与识别

烟叶在烟株上着生的空间位置不同。不同着生位置的烟叶具有不同的外观特征，其反映的内在质量也有所不同。在烟叶生产中，一般将烟叶划分为脚叶、下二棚、腰叶、上二棚和顶叶5个部位，我国现行烤烟国家标准把烤烟分为3个部位，即下部叶（脚叶和下二棚，代号X）、中部叶（腰叶，代号C）和上部叶（上二棚和顶叶，代号B）。通常认为中部叶质量最好，上、下二棚的质量次之，顶叶和脚叶质量最差。在外观质量评价过程中，主要是通过叶形、脉相、叶面状态、身份、结构、颜色等外观特征来对烟叶部位进行识别。

下部叶（X）：主脉较细，微露，主脉与支脉之间夹角较大，叶形较宽圆，叶尖部较钝，叶面平展或较皱，叶片薄，结构较空松，颜色浅淡。

中部叶（C）：主脉较细至较粗，遮盖至微露，叶尖处稍弯曲，支脉夹角略大，叶形宽至较宽，叶尖部较钝，叶面皱缩感强，叶片稍薄至中等，结构疏松，颜色深浅适中。

上部叶（B）：主脉较粗至粗，较显露至突起，主支脉夹角较小，叶形较窄，叶尖部较锐，叶耳较宽，叶面皱褶，正反色差较大，叶片稍厚至厚，结构尚疏松至紧密，颜色较深。

二、颜色划分与识别

颜色是指鲜叶烘烤调制后呈现的基本色彩。我国现行的烤烟国家标准把烤烟颜色分为柠檬黄（L）、桔黄（F）、红棕（R）三种烟叶基本色及微带青（V）、青黄色（GY）、杂色（K）等非基本色。基本色是烟叶在正常条件下形成的正常颜色，非基本色是烟叶在非正常条件下形成的非正常颜色。不同颜色的烟叶具有不同的质量特点，一般认为桔黄色烟叶质量最好，柠檬黄和红棕色烟叶次之，杂色和青黄色烟叶质量最差。在外观质量评价过程中，主要通过黄色素、红色素色值，以及含青、含杂面积、程度等对颜色进行识别。

1.柠檬黄色（L）。烟叶表面以纯正的黄色色素为主，无明显的红色色素，色域在淡黄—正黄之间。

2.桔黄色（F）。烟叶表面以黄色为主，并呈现出较明显的红色色素，色域在金黄—深黄之间。

3.红棕色（R）。烟叶表面以红色为主，无明显的黄色色素。色域在红黄—棕黄色之间。

4.微带青（V）。黄色烟叶上叶脉带青或叶片含微浮青的面积在10%以内，且二者不同时并存的烟叶被判定为微带青。

5.青黄（GY）。黄色烟叶上含有任何可见的青色且不超过三成的烟叶。一般从含青程度和含青面积两方面来综合判定，含青程度不超过三成的烟叶，不论其含青面积多大，被判定为青黄烟；含青面积不超过三成的烟叶，则无论其面积程度几成，都判定为青黄烟。

6.杂色（K）。烟叶表面存在轻度洇筋、局部挂灰、蒸片、严重烤红、潮红、全叶受污染、青痕较多、受蚜虫危害等非基本色斑块（青黄烟除外），且面积占全叶面积 20％及以上的叶片被判定为杂色叶。

三、成熟度划分与识别

在《烤烟》国家标准中，成熟度是指调制后烟叶的成熟程度，包括田间和调制成熟度，即田间鲜烟叶的成熟程度加上调制后成熟的程度。烟叶成熟度不反映了烟叶的质量水平，而且反映了烟叶的质量特征，所以它既作为分组因素，又作为分级因素，与烟叶的其他外观特征密切相关，也是衡量烟叶质量的中心因素，是卷烟质量的基础。《烤烟》标准将烟叶成熟度划分为完熟、成熟、尚熟、欠熟、假熟 5 个档次。在判断烟叶的成熟度时，主要参考烟叶的部位、颜色、叶片结构、身份等因素进行综合判定。

1.完熟。指田间达到高度的成熟且调制后成熟充分的上部烟叶。完熟烟叶由于在田间达到高度成熟，内在物质消耗较多，叶片结构表现出疏松状态，手持有轻飘的感觉，油分较少，叶质较干燥，叶面有皱缩感，身份趋于中等至稍薄，颜色香味多为桔黄色和浅红棕色，有明显的成熟斑，常伴有蛙眼病斑，香味突出。

2.成熟。该烟叶在田间及调制后均达到成熟程度，且具备着生部位应有的基本色调、叶片结构和身份符合所属部位的特征，叶片无任何含青或大面积杂色，也无大面积的光滑叶。

3.尚熟。该烟叶在田间刚达到成熟，生化变化尚不充分或调制失当后成熟不够。尚熟烟叶一般颜色较浅，可能带有黄片、青筋或部分挂灰，略有平滑或僵硬感，油分趋少，弹性略差，叶片结构相对所属部位偏紧。

4. 欠熟。该烟叶在田间未达到工艺成熟或调制失当。欠熟烟叶外观表现有较大程度的含青、含杂，或较大面积的僵硬（光滑）。

5. 假熟。泛指脚叶，其外观似成熟，实质上到真正成熟的烟叶。外观表现为颜色浅淡，身份较薄，色度淡，油分少，易碎，叶片轻，有空松的感觉。

四、叶片结构划分与识别

叶片结构是指烟叶细胞排列的疏密程度，也是烟叶细胞发育和排列的综合状态。烟叶细胞排列间隙大，单位面积上的细胞数少，外观表现出叶片结构疏松；烟叶细胞排列间隙小，单位面积上的细胞数多，外观表现出叶片结构紧密。《烤烟》标准将叶片结构划分为疏松、尚疏松、稍密、紧密4个档次。在烟叶分级时，主要通过触觉、视觉等感官来鉴别烟叶的叶片结构。

1. 疏松。该烟叶外观具备了成熟叶片的质量特征，韧性和弹性好，色泽饱满，人工加压也不会使烟叶出现粘结而难以松散的现象。正常水分下，用手摸这部分叶片会感到柔软，无紧实感，其身份一般呈中等至稍薄。

2. 尚疏松。一般指正常生产发育成熟的上部烟叶及非正常情况下所产生的部分副组烟叶，其叶片的韧性和弹性比疏松程度的烟叶略差，正常水分下，有紧实感，身份一般呈中等至稍厚。

3. 稍密。指正常成熟的上部烟叶或欠熟的中下部叶，叶片细胞排列间隙较小，叶片有一定的韧性和弹性，较尚疏松烟叶略差，正常水分下，紧实感较明显，身份一般呈稍厚至厚。

4. 紧密。该叶片组织结构紧实，韧性尚好。正常水分下，紧实感特别明显，多指上部烟叶或光滑的烟叶，细胞间隙小且排列紧密。

五、身份划分与识别

身份是指烟叶厚度、细胞密度或单位面积重量的综合状态。厚度并非指单纯的物理量度，它还包含有叶片细胞密度和单位面积重量状态。随着部位的升高，烟叶身份逐渐变厚，同一部位的烟叶，随着成熟度的提高。身份逐渐变薄。《烤烟》标准将身份划分为中等、稍厚、稍薄、厚和薄5个档次。在判定烟叶的身份时，主要通过触觉、视觉等感官判断烟叶的外观特征来鉴别，还需要参考烟叶的品种、部位、成熟度等因素进行综合判定。

1. 中等。指正常发育和烘烤的中部烟叶、上部叶片发育略欠产生的柠檬黄烟叶，以及干物质消耗大的上部桔黄烟叶，一般表现叶片厚度适中。

2. 稍厚。指正常发育和烘烤的上部烟叶，叶片厚度略厚，叶片有一定紧实感。

3. 稍薄。指正常发育和烘烤的下部烟叶，以及干物质消耗过度的中部烟叶，叶基部或整片叶厚度偏薄。

4. 厚。指打顶过低或成熟度较差的上部烟叶，叶片厚度较厚，紧实感较强判定为厚。

5. 薄。指发育不良或干物质消耗过度的下部叶，叶片厚度薄，有轻飘感。

六、油分划分与识别

油分是指烟叶组织细胞内含有的一种柔软半液体或液体物质，它反映烟叶外观上的油润、丰满、枯燥的程度。在一定含水量的情况下，给人视觉、触觉上油润或枯燥的感觉。中上部烟叶的油分较多，下部烟叶油分较少；色度浓的烟叶的油分较多，色度弱的烟叶油分较少；成熟的烟叶油分较多，假熟、欠熟或完熟的烟叶油分较少。《烤烟》国家标准将油分划分为多、有、稍有、少4个档次。在判定油分时，要结合烟叶的部位、成熟度、身份、叶片结构等外观特征，以及烟叶表面油性反映、弹性、耐拉扯力、叶片油润与枯燥程度等方面来判断。

1. 多。指富油分，表观油润，叶表面有油性反映，韧性强，弹性好，用手握住再松开后恢复能力强，耐扯拉力好。

2. 有。指尚有油分，表观有油润感，叶片有韧性，弹性较好，耐扯拉力尚好，叶表面尚有油性反映的烟叶。

3. 稍有。指较少油分，表观尚有油润感，尚有一定的韧性和弹性，尚有耐扯拉力，叶表面油性反映不太显露的烟叶。

4. 少。指缺乏油分，表观无油润感，韧性及弹性差，耐扯拉力弱，无油性反映的烟叶。

七、色度划分与识别

色度指烟叶表面颜色的饱和程度、均匀度和光泽强度，也是烟叶色素表现的综合状态。油分多的烟叶色泽饱和，视觉色彩反映强，色度就浓；油分少的烟叶光泽暗，色度弱。《烤烟》国家标准将色度划分为浓、强、中、弱、淡5个档次。在判定色度时，主要通过对烟叶表面颜色的均匀程度、饱和程度和光泽强度进行综合判断。

1. 浓。色度浓的烟叶表面颜色均匀、饱满，视觉色彩反映强。

2. 强。色度强的烟叶表面颜色均匀、色泽饱和度略逊，视觉色彩反映较强。

3. 中。色度中的烟叶表面颜色尚匀，饱和度与视觉色彩反映一般。

4. 弱。色度弱的烟叶表面颜色不匀，饱和度差，视觉色彩反映较弱。

5. 淡。色度谈的烟叶表面颜色不匀，极不饱和，色泽淡，视觉色彩反映弱。

八、长度划分与识别

长度是指叶片主脉基部至叶尖的量度，即调制后未去梗的烟叶从主脉底端至叶尖顶端的距离，用 cm 作为单位。叶片的长短主要对卷烟工业的出丝率、含等产生率有影响。一般叶片短而窄的烟叶出丝率低，含梗率大。影响叶片长度的因素主要有部位、品种、栽培条件等。一般而言，同一株烟叶中部叶较长，脚叶和顶叶较短。《烤烟》标准将叶片长度划分为 45 cm、40 cm、35 cm、30 cm、25 cm 5 个档次。目前，我国生产的大多数烟叶长度均超出 45 cm 的最高长度。当然，在实际分级中时，对长度的判定主要靠目测进行估算。

九、残伤划分与识别

残伤烟叶，是指烟叶组织受到破坏，失去成丝强度和坚实性，基本无使用价值的烟叶。主要是指病斑（赤星病、蛙眼病、角斑野火病、气候性斑点病等）、焦尖焦边（由于成熟度的提高而形成）以及杂色透过叶背的严重蒸片（不能成丝）等。我国现行《烤烟》标准将叶片残伤划分为 10%、15%、25%、30%、35% 共 5 个档次。在判定残伤时，主要通过视觉和触觉来判断烟叶否是失去成丝强度和坚实性。

第二节　烘烤对烟叶外观质量影响

一、烘烤烟叶对部位特征的影响

中部叶与上、下二棚交界的烟叶，由于它们在生长位置上较接近，在判定部位时很难通过叶型和脉相进行区分。在实际分级过程中，中下部交界叶的部位判定主要根据其身份来区分，身份较薄的为下部也，身份适中的为中部叶；而对中上部交界叶的部位判定，主要根据身份、叶片结构以及颜色来综合判定，身份较厚、结构较密、颜色较深的为上部叶，身份适中、结构疏松、颜色较浅的为中部叶。在烘烤过程中,不同的烘烤工艺对烟叶身份和叶片结构会造成一定的影响,从而影响烤后烟叶的部位特征。正常生长的烟叶一般下部6—7片叶表现下部烟叶的部位特征,上部5—6片烟叶表现上部烟叶的部位特征,中间6—8片表现中部烟叶的部位特征。中下部交界叶烘烤时,若变黄期适当缩短变黄时间且提前排湿,可减少干物质消耗,烤后烟叶身份趋中等,表现出中部烟的部位特征,若变黄期过长排湿过晚,干物质消耗大,烤后烟叶身份偏薄,表现出下部烟叶的部位特征。中上部交界叶烘烤时,若定色期适当保湿,可促进叶片物质转化,烤后烟叶身份趋中等、结构疏松,表现中部烟叶部位特征;若定色期排湿过快,叶片物质转化不充分,烤后烟叶身份偏厚、结构偏紧,则表现上部烟叶的部位特征。

二、烘烤对烟叶颜色的影响

烟叶颜色受叶片中叶绿素(叶绿素a、叶绿素b及脱镁叶绿素)、类胡萝卜素(叶黄素和胡萝卜素)和红色色素(醛类、由醌类物质转化而来)变化的影响。在烟叶烘烤过程中,各种色素均在降解,其中,叶绿素降解最快,叶黄素次之,胡萝卜素最慢。正常烘烤过程中,叶绿素大量分解,黄色色素得以显现(黄色),随着黄色色素的分解,胡萝卜素得以显现(橘黄色)。采收成熟度对烤后烟叶的颜色影响较大,随着采收成熟度增加,烤后烟叶颜色加深,采收成熟度差的烟叶易形成淡黄色或含青烟叶。在烘烤过程中,若变黄期、定色期太短,排湿过早,叶绿素未完全分解,则烤后烟叶容易颜色浅淡、青黄或微带青;若干筋期温度过高或湿度过大,烟叶容易烤红;若定色期湿度偏大或短时间停电,烤后烟叶颜色易变暗,从而影响烟叶颜色的光泽度;若定色期温湿度波动大,容易产生挂灰、蒸片、花片等非基本色斑块。烤房通风量也影响烤后烟叶的颜色,通风量过大,烤后烟叶颜色多表现为淡黄至正黄色,通风量减少,烤后烟叶颜色逐渐加深,饱和度增加,但通风量过低,会影响烟叶排湿,烤后烟叶颜色较暗,易产生烤红或糟片烟叶。如果定色期升温速度过快,烟叶细胞加快死亡破解，酶促棕色化反应加快，烤后烟叶易产生杂色斑块。

三、烘烤对烟叶成熟度的影响

烟叶成熟度既包含了烟叶在田间生长发育的成熟程度，也包括烘烤过程中的调制后熟程度。除了气候、光照、营养发育等因素外，烘烤过程也是影响烤后烟叶成熟度的主要原因。正常生长发育的烟叶，若采收成熟度、烘烤适当，就有利于叶内生理生化变化，大分子物质降解充分，烤后烟叶表现出成熟的外观特征；如果采收成熟度不够，烤后烟叶易产生光滑、含青、含杂等尚熟或欠熟的外观特征；如果变黄期时间过短，烟叶变黄不够，过早转入定色期，烟叶内在物质转化不充分，消耗较少，烤后烟叶易表现出含青，结构变紧等不成熟的外观特征；如果上部烟叶在田间成熟，且调制后熟充分则表现完熟的外观特征；如果定色期湿度过低、排湿过快，易产生僵硬平滑等欠熟的外观特征。

四、烘烤对叶片结构的影响

烟叶叶片结构受烟叶着生部位和成熟度的影响最大。烟叶着生部位越高，细胞密度越大，细胞间隙越小，叶片结构越趋紧密，在正常烘烤情况下，中下部烟叶表现疏松的外观特征，而上部烟叶则表现出尚疏松的外观特征。烟叶成熟度越高，细胞间隙越大，叶片结构越趋疏松。随着采收成熟度的提高，烤后烟叶的结构逐渐变疏松，未熟烟叶烤后叶面多表现光滑、紧密的外观特征，成熟采收的烟叶烤后叶片结构疏松，过熟采收的烟叶烤后易表现空松的外观特征。如果装烟密度小，烟叶隙间风量过大，会加速烟叶干燥失水，会导致叶片中淀粉、蛋白质等大分子物质降解不充分，收缩变小，烤后烟叶叶片结构较正常烘烤的同部位烟叶更紧密。定色期湿度对烟叶叶片结构影响也较大，湿度越低、烟叶干燥和定色越快，烤后烟叶叶片结构越紧密。在定色期，如果湿球温度长时间低于35℃，烤后烟叶叶片结构明显偏紧密，中部多表现尚疏松或稍密的外观特征，而上部烟叶多表现稍密，紧密的外观特征。

五、烘烤对烟叶身份的影响

烟叶的身份取决于叶片干物质积累和成熟过程中物质消耗。下部烟叶由于光照不足，干物质积累相对较少，烤后烟叶身份多表现为稍薄；中部烟叶物质积累适中，烤后烟叶身份多表现为中等；上部烟叶光照充足，干物质积累较多，烤后烟叶身份多表现为稍厚。田间成熟、烘烤过程是物质消耗的过程，随着烟叶采收成熟度的提高，烟叶身份会由厚向薄。在烘烤过程中，若湿度过高，会不利于定色，烤后烟叶身份变薄；若湿度大且持续时间过长，叶片会过度变黄，烟叶内在物质消耗过多，叶片变薄，下部烟叶身份多表现为薄，中部烟叶身份多表现为稍薄，上二棚烟叶身份多表现为中等。

六、烘烤对烟叶油分分影响

在烘烤过程中，烟叶油分主要受采收成熟度、循环风速、以及内在物质消耗等因素的影响。采收成熟度正常的烟叶油分较多，采收成熟度差或过熟的烟叶油分则较少；在正常的装烟密度下，热风循环风机功率越大，烟叶失水干燥越快，烤后烟叶油分越少，因此，适当降低风速有利于提高烟叶的油分。在烘烤过程中，若湿度过大，变黄时间过长，烟叶内在物质消耗过多，烤后烟叶油分也会减少。

第三节　烤坏烟的分析与预防

一、烤坏烟类型划分

烤坏烟叶是指烟叶在采、编、装、烤过程中，由于操作不当、设施设备损坏、人为操作失误等因素导致降低烟叶应有价值，造成直接经济损失的烤后烟叶。一般用烘烤损失来衡量，可分显性损失和隐形损失。显性损失烤坏烟叶指烤后烟叶表现明显的非基本色斑块，基本无使用价值，采烤损失外观表现明显的烟叶，包括烤青和烤杂类烟叶；隐性损失烤坏烟叶指烤后烟叶表现出正常的基本色，但外观质量明显下降，对烟叶的经济价值产生一定影响，采烤损失外观表现不明显的烟叶，包括烤薄、烤僵、油分减少、颜色较浅类烟叶。

二、显性损失类烤坏烟叶分析与预防

（一）烤青

在烟叶烘烤过程中，由于变黄程度与干燥程度不协调，导致烤后叶片上出现明显可见的青色（微带青和青痕除外），一般分为叶基青、叶尖青和叶面青等。

1. 叶基青

叶基青指烤后烟叶基部明显烤青，其他部分叶片正常，且烤青叶片与正常叶片的分界线较明显的烟叶。

产生叶原因：一是下降式烤房起火温度高，高温区烟叶失水过快；二是变黄阶段变黄程度不够，失水干燥过快；三是编装烟均不匀，局部过稀区域失水

过快；四是上升式烤房风机反转；五是冷分门长期损坏未关闭，脱水干燥过快；六是下降式烤房顶层烟叶基部高于进风口下沿，层距不足。

应对措施：一是合理、均匀编装烟；二是下降式烤房起火温度不宜过高，湿球温度不宜过低；三是烟叶变黄阶段要达到变黄要求后才能进行转火升温；四是开烤前要对设施设备进行检修，防止风机反转、冷风门损坏、层距不足等；五是烘烤过程中电源切换后要及时检查风机转向，防止风机反转。

2. 叶尖青

叶尖青指烤后烟叶的叶尖发生明显烤青，其他部分烘烤正常，且烤青的叶片与正常叶片分界线较明显的烟叶。

产生原因：一是上升式烤房起火温度高，高温区烟叶失水过快；二是叶尖变黄阶段变黄程度不够，失水干燥过快；三是编装烟不均匀，过稀区域失水过快；四是冷分门长期损害未关闭，脱水干燥过快；五是风速过大，叶尖脱水干燥过快。

应对以上问题措施：一是均匀编装烟；二是上升式烤房起火温度不宜过高，湿球温度不宜过低；三是叶尖变黄要达到要求后才进行升温；四是烤前对设施设备进行检修，防止冷风门损坏造成烤青；五是合理使用风速，变黄前期使用中低速挡，严禁使用高速挡。

3. 叶面青

叶面青是指烤后烟叶的整个叶面都出现烤青现象，多表现为由叶尖至叶基含青程度逐渐加重，越靠近叶脉，含青程度越重。

产生原因：一是采收烟叶成熟度不够，整齐度不够，编装烟不分类，部分成熟度较低；二是装烟不均匀，叶间隙风速过大，易造成烟叶失水干燥过快；三是烟叶在变黄阶段变黄不够，转火过早，而且转火后升温过快，造成浮青或整个叶片微带青；四是设施设备损坏（烤房漏气、冷风门损坏等），保湿差，烟叶脱水干燥过快。

应对以上问题措施：一是做好成熟采收和分类编装；二是做好变黄进程的判断，待烟叶充分变黄后，才能转火升温定色；三是做好稳火稳温，做到慢烤；四是做好烤前检修，保证烤房严密不透气、保温保湿。

（二）烤杂

在烟叶烘烤过程中，温湿度的变化不协调，叶片出现非基本色斑块（青色除外），且面积超过 20% 的情况。一般包括挂灰、糟片、蒸片、花片、烤红、泅筋、中毒、青痕和霉烂等类型。

1. 挂灰

一般是指烤后烟叶正面产生灰白、灰褐或者黑色的斑块，如同叶片蒙上一层灰。细分为热挂灰、冷挂灰、饿挂灰、湿挂灰及因鲜烟叶素质差引起的挂灰五类。

（1）热挂灰

产生原因：烟叶在变黄阶段、定色阶段，因为猛升温，叶内细胞水分被强行排出，细胞破裂，汁液外流且凝结于叶片上，多酚类物质在氧气的作用下，氧化成醌类物质，而造成的挂灰。

应对措施：变黄阶段、定色阶段稳烧火、稳升温，防止猛升温引起挂灰。

（2）冷挂灰

产生原因：烟叶在变黄阶段、定色阶段，因为猛降温，烤房内部空气的饱和水汽压降低，湿热空气中的水分析出并凝结成小水珠降落在烟叶表面上，烫伤烟叶组织，使其发生棕色化反应，变成黑褐色而引起挂灰。

应对措施：烟叶在变黄阶段、定色阶段烧火要稳，防止猛降温，特别是在昼夜温差较大期间要加强预防。

（3）饿挂灰

产生原因：因烟叶过度成熟，内含物质消耗较大，或在变黄阶段变黄过度，细胞内含物质进一步加速分解，以致枯绝。此时，细胞生命活动发生紊乱，氧气自由进出，多酚类物质被氧化成醌类物质，从而形成挂灰。

应对措施：做到适熟采烤，勿使烟叶过熟，减少烟叶低温变黄的时间，在变黄阶段，烟叶变黄后及时转火升温、排湿定色，勿使烟叶过度变黄。

（4）湿挂灰

产生原因：一是编装烟过密形成通风障碍，水分难以排出，形成高温高湿，烟叶发生棕色化反应从而形生挂灰；二是烤房排湿不力，排湿口面积不够或冷风回风口面积过大，烟叶水分不能及时排出，烤房内温度高、湿度大，多酚氧化酶活性增强，产生棕色化反应，形成挂灰。

应对措施：一是做到合理编杆、装炕，适时排湿，避免形成高温高湿；二是加强设施设备检修工作，确保正常排湿。

（5）鲜烟叶素质差引起的挂灰

产生原因：一般因栽培管理不当、未熟采收、气候、药害等影响，导致鲜烟叶结构紧，保水能力强，内含物质不协调，多酚氧化酶活性高，从而引起挂灰。

应对措施：加强栽培管理，合理施肥，科学用药，调控烟株的营养，适时成熟采收，提升烟叶素质。

2. 糟片

一般是指在烘烤过程中，因干物质消耗过度而变黑的烟叶。

产生原因：成熟过度、变黄过度、硬变黄、定色不及时等。

应对措施：一是避免过熟采收；二是烘烤过程中要做到适时转火定色，避免硬变黄和变黄过度。

3. 蒸片

一般是指在堆放时烟叶烘烤变黄阶段及定色阶段，由于操作不当，形成恶劣的高温高湿环境，导致烟叶被蒸熟，再排湿、干燥、定色，形成的黑褐色烤坏烟叶。蒸片又分为鲜烟蒸片、烘烤蒸片两种类型。

（1）鲜烟蒸片

产生原因：因鲜烟叶在采、编时，堆放过高、时间过长引起堆积发热，形成高温高湿环境，导致蒸片。

应对措施：避免高温时段采烟，在烟叶采、编后，加强堆放管理，堆放不宜过高，堆放时间不宜过长，要散开摆放，避免堆积发热。

（2）烘烤蒸片

产生原因：一是在变黄阶段和定色阶段，水分含量尚多时猛升温；二是局部装烟过密，或因设施设备原因排湿不畅，形成高温高湿环境。

应对措施：注重烤前检修，合理均匀装炕；在变黄阶段和定色阶段，温度不宜过高，湿度不宜过大，防止形成高温高湿环境，做好稳温排湿工作。

4. 花片

花片是指出现局部黑糟，使黄色叶片上出现黑褐色的斑点或斑块，品质极不均匀的烤后烟叶。

产生原因：病斑、机械损伤、局部挂灰等。

应对措施：加强田间管理，合理施肥，科学用药，调控烟株营养平衡，提高烟叶成熟程度，在采编装操作过程中避免机械损伤，提升鲜烟叶素质。

5. 烤红

烤红烟指在干筋阶段温度过高、湿度过大，烟叶中胡萝卜素和叶黄素进一步氧化分解，导致烟叶表面呈现红色、红褐色的斑点、斑块，甚至全叶发红的烤后烟叶。分全叶烤红和斑点斑块烤红两类。

（1）全叶烤红

产生原因：在干筋阶段湿度过大，湿球温度超过43℃，相对湿度超过18%，在高温与较大湿度的交互作用下，类胡萝卜素分解转化，红色素表现出来，形成全叶发红。该类烤红烟在形成过程中香味较少，烤干后出炉摆放时香味较浓。

应对措施：干筋阶段湿球温度控制在43℃以内。

（2）斑点斑块烤红

产生原因：在干筋阶段温度超过70℃或干筋后期时间过长，烟叶不耐烤，区域类胡萝卜素提前分解转化，以多酚和氧化芸香苷为代表的红色素物质表现出来，形成斑点、斑块状烤红烟。该类型烤红烟在形成过程中，由于色素降解产物的挥发，产生较浓的香味。

应对措施：干筋阶段最高温度不得超过70℃，烟叶干筋后及时停火，避免高温和干筋后期烘烤时间过长。

6. 洇筋

烤后烟叶的烟筋两测出现褐色条状斑块的现象称为洇筋。

产生原因：在烟叶干筋期，烤房内温度大幅度下降，未干燥主脉的水分渗透到已干燥的主脉两侧的叶片中，再次升温烤干时，吸湿的部分叶片变成褐色，在烤后烟叶的主脉两侧形成褐色的条状斑块。

应对措施：烟叶干筋阶段烧火要稳，防止长时间、大幅度降温。

7. CO、SO$_2$中毒

在烘烤过程中，烟叶表面产生绿色的水渍状花斑，称为CO或SO$_2$中毒。

产生原因：一是换热器漏烟。煤燃烧产生的CO或SO$_2$进入烤房，直接伤害烟叶；二是通风排湿不顺畅，湿度过大，烟叶表面存在凝结水；三是SO$_2$溶于水形成H$_2$SO$_3$。烟叶在烘烤的变黄阶段、定色阶段，同时具备这三个条件，便会产生CO或SO$_2$中毒。

应对措施：一是严格密封热交换系统，不能让带有SO$_2$的烟气进入烤房；二是在烟叶烘烤过程中，注意适时通风排湿；三是在烟叶烘烤过程中，发现烤房内进入烟气，要及时排出，并查清源头，彻底整治。

8. 青痕

烟叶在调制前受到机械擦压伤而造成的青色痕迹称为青痕。

产生原因：在采、运、编、装等过程中因操作不当，受机械擦压的部分叶肉细胞死亡，使其在烘烤过程中无法正常转化，造成烤后烟叶上呈现青色痕迹。

应对措施：采烤过程中要规范操作，防止破坏烟叶组织结构。

9. 腐烂烟

一般是指烟叶在烘烤过程中，因病菌、排湿不畅等引起烟叶霉烂的现象，可分为病菌腐烂和烘烤腐烂两类。

（1）病菌腐烂

产生原因：由于田间病害或设施设备、操作工具携带病菌，在烘烤过程中诱发米根霉等霉菌滋生，从而导致烟叶腐烂。

应对措施：田间管理过程做好烟株病害防治，烘烤前对带病菌烟叶进行喷药防治，对烤房环境、烘烤工具进行全面消毒。

（2）烘烤腐烂

产生原因：由于烘烤过程中装烟不均匀、装烟过密、低温时间过长、湿度高（烤房屋顶漏水）、排湿不畅、低温死角等原因。

应对措施：一是避免雨天采收烟叶，避免烟叶表面有明水；二是含水量大的中下部叶实行稀编杆，2—3片一束，每杆编烟量不超10 kg，装炕不能过密，每炕装烟320—360竿，均匀装炕，减小烤房内部温差；三是早上采的露水烟装在烤房高温层，最后采的烟装低温层；四是烟叶表面有明水时，可先打开风机和冷风门将烟叶表面的水分吹干后再点火；五是38℃及以下时间，建议在24h左右即可，以较低的温度升温至高温状态下完成变黄；六是在上升式烤房顶板加装吸水装置，避免滴水。

三、隐性损失类烤坏烟叶分析与预防

（一）烤薄

烤后烟叶身份较同部位烟叶明显偏薄，主要出现在中下部，外观表现为下部烟叶身份薄，中部烟叶身份稍薄。

产生原因：烘烤过程中，物质过度消耗是烤薄的主要原因，一般表现为整炕烟叶烤薄和部分叶片烤薄两种情况。若变黄期和定色期湿度大，持续时间过长，烟叶内在物质消耗过多，易造成整炕烟叶变薄；若不同成熟度的烟叶放在烤房同一位置烘烤，当成熟度低的烟叶完成物质转化达到烘烤后熟，而成熟度高的消耗过度，易出现部分叶片烤薄；若同一烤房中采收烟叶的叶位相差过大，即使采收烟叶成熟度一致，也容易发生叶位偏下的烟叶物质消耗过度，造成部分叶片烤薄。

预防措施：一是对鲜烟叶进行分类编杆，将成熟度高的烟叶装于高温区，提前定色，减少高成熟度烟叶烘烤过程中物质的消耗；二是开展 AB 岗分段采收，将不同叶位的烟叶分开采收、编杆和装炕，提高每炕烟叶的叶位一致性，减少因叶位跨度大、后熟时间不一致造成部分叶片烤薄的现象；三是按照主体烟叶成熟变黄程度，合理调整变黄期、定色期时间，协调整炕烟叶变黄与定色进度，减少物质消耗。

（二）油分减少

烤后烟叶油分较同部位正常烟叶明显减少，外观表现为下部烟叶油分少，中上部烟叶油分稍有或无。

产生原因：采收成熟度过高、烘烤后熟过程物质消耗过度、循环风速过大、烟叶失水干燥过快的原因，都易造成烤后烟叶油分减少。

预防措施：一是根据不同部位烟叶成熟特征，适熟采收烟叶，既要保证烟叶田间成熟度，又要防止烟叶过熟；二是根据烟叶变黄和失水程度，合理调整烘烤工艺，既要保证叶片变黄，又要防止叶片过度消耗降低烟叶油分；三是变

黄期、干筋期适当降低风速，可预防烟叶油分减少。

4．烤薄类烟叶

下部烟叶身份为薄，中部烟叶身份为稍薄的，则将该烟叶分为烤薄类烟叶。

（三）烤僵

烤后烟叶叶片结构较正常同部位烟叶明显紧密，叶面呈现大面积的平滑或僵硬，多伴有颜色淡、正反色差大等特征，一般分为僵硬和平滑烟叶。

产生原因：烟叶成熟度低，鲜烟叶素质差，烘烤过程中湿球温度设置低，集中快速排湿，定色期升温速度过快，排湿过快等。

应对措施：完善田间管理、成熟采收水平，提升烟叶成熟度和鲜烟叶素质，在烘烤过程中升温不宜过急，排湿不宜过快。

（1）僵硬烟叶：产生于中上部，生长期受不良环境影响导致田间成熟度不够，烘烤过程中内含物转化不充分导致僵硬烟叶。

（2）平滑烟叶：产生于中下部，光照不足，营养不良养分积累不够，从而导致平滑烟叶。

第四节　烤后烟叶外观质量损失评价

一、评价目的

统一烤后烟叶外观质量损失评价标准，按照一定的评价流程对烤后烟叶进行外观质量损失进行客观评价，并分析原因，有助于提出针对性的解决措施，持续提升烟叶烘烤水平。

二、评价流程

（一）环境选择

烤后烟叶质量损失评价应选择在评级实验室或分级场所进行，环境应符合以下要求：

空气相对湿度：65%—75%；

光源：人工模拟自然光源；

色温：5300K—5800K；

照度：2000±200lx；

环境颜色：应以中性色为主，灰色或白色色调为宜，台面无明显反光。

（二）取样

烘烤结束后，将烤房中靠近门边的每层5杆（夹）烟叶全部取下，从剩余的烟杆（夹）中，随机抽取左侧或右侧的上、中、下层各4杆（夹）烟，共取12竿（夹），将抽取的12杆（夹）烟叶解竿后充分混合均匀，采用四分法随机抽取1/4作为评价样品。

（三）平衡水分

将待评价样品的水分平衡至含水量16%—18%，感官判断以烟筋稍软、不易折断、手握稍有响声为准。

（四）分类评价

通过对烟叶部位、颜色、身份、油分和叶片结构等外观特征进行判断，将烤后烟叶按照外观特征差异分为正常、烤青、烤杂、烤僵、烤薄和油分减少6类烟叶。当一片烟叶上同时存在多种烤坏烟叶类型的外观特征时，按照损失系数大小，分为损失系数较大类型的烟叶，各类烤坏烟损失系数如下：

烤青损失系数：100%；

烤杂损失系数：100%；

烤薄损失系数：40%；

油分减少损失系数：30%；

烤僵损失系数：25%；

例如：当一片烟叶既有烤薄的外观特征，又有油分减少的特征，根据损失系数大小，若烤薄系数较高则将该片烟叶归为烤薄类烟叶。

1. 正常类烟叶

烟叶的颜色、身份、油分和叶片结构符合以下特征的，则将该烟叶分为正常类烟叶：

（1）颜色：基本色、微带青或含杂色面积低于 20%；

（2）身份：下部烟叶稍薄至中等、中部烟叶中等、上部烟叶厚至中等；

（3）油分：下部烟叶稍有至有、中上部烟叶有至多；

（4）叶片结构：中下部烟叶疏松至尚疏松，上部烟叶疏松至稍密。

2. 烤青类烟叶

叶片上出现微带青和青痕以外的明显可见青色，则将该片分为烤青类烟叶，包括 GY 和含青程度超过 GY 规定的级外烟叶。

3. 烤杂类烟叶

烤后烟叶叶片上出现挂灰、糟片、蒸片、花片、烤红、泅筋、青痕等非基本色斑块，且面积超过 20% 的烟叶，将该片烟叶归类为烤杂类烟叶。

4. 烤薄类烟叶

下部烟叶身份薄，中部烟叶身份为稍薄的，则将该烟叶分为烤薄类烟叶。

5. 油分减少类烟叶

下部烟叶油分少，中上部烟叶油分为稍有的，则将该烟叶分为油分减少类烟叶。

6. 烤僵类烟叶

中下部烟叶结构为稍密至紧密，上部烟叶叶片结构为紧密的，则将该烟叶归为烤僵类烟叶。

（五）损失计算

对分好的每类烟叶进行称重，记录在评价表中，从而计算每种类型烟叶重量占比，根据以下计算公式进行损失计算：

S=（R 烤青 +R 烤杂）×100%+R 烤薄 ×40%+R 油分减少 ×30%+R 烤僵 ×25%；

S 为烤后烟叶外观质量损失率；

R 为不同类型烟叶占比。

表 2-4-1　烤后烟叶外观质量损失评价表

类型	重量（g）	占比（%）	损失系数（%）	损失率（%）
正常类烟叶			0	
烤青类烟叶			100	
烤杂类烟叶			100	
烤薄类烟叶			40	
油分减少类烟叶			30	
烤僵类烟叶			25	
合计：				

三、烤后烟叶外观质量损失原因分析

影响烤烟烟叶外观质量的原因有很多，既受烟叶生产中本身鲜烟素质的影响，也受采收烘烤过程中采收编装、设施设备、烘烤工艺、人为因素等方面影响。

（一）鲜烟素质方面

鲜烟素质是决定烟叶烘烤质量的基础，烤后烟叶外观质量经常因鲜烟叶素质造成损失。一是烟叶含水量过高或过低。烟叶成熟期受长时间雨水气候条件影响，烟叶含水量过高，采烤后的烟叶易出现蒸片、挂灰、糟片等烤坏烟现象；烟叶成熟期受长时间干旱气候条件影响，烟叶含水量过低，采烤后的烟叶易出现含青、挂灰等烤坏烟现象。二是营养不平衡。烟叶中某种营养元素过多或过少，易导致烤后烟叶损坏现象。如，氮素过多的烟叶往往烤后烟叶既容易含青，又容易挂灰，且烤后烟叶颜色暗；缺镁的烟叶易挂灰。三是病虫害。病害烟叶与正常烟叶一起烘烤，烘烤过程中病害烟叶更易挂灰，如白粉病、青枯病、黑胫病、根结线虫病等病害烟叶均易烤挂灰；受烟蚜虫、斜纹夜蛾、烟青虫等侵害的烟叶烤后易形成花片、机械损伤。

（二）采收编装方面

一是成熟度把控不准。部分烟叶未熟、过熟或假熟，或部分烟叶因栽培管理不善，素质较差，这部分烟叶易与成熟烟叶混采、混装、混烤，造成烟叶烤坏。二是采收操作不规范。鲜烟叶采收后，常因采烟、抱烟等动作不规范，如手捏过重、戳破烟叶等，而导致烟叶组织受损。三是鲜烟叶包装运输不当。包装过紧或过松、长时间不包装、未及时运输等，易导致烟叶组织受损，烟叶堆放过高、时间过长易导致烟叶温度过高形成鲜烟蒸片。四是分类编装不到位。未按要求对鲜烟叶分类编杆，未对不适用鲜烟叶进行二次处理即编杆上炕烘烤，易导致烤坏烟。编烟稀密不匀，影响分风排湿也易导致烤坏烟；装炕不时

未根据烤房气流方向分层装炕或装炕稀密不匀，均易造成烤坏烟。

（三）设施设备方面

一是烤前检修不到位。开烤前对设施设备检查检修不到位，烘烤过程中易因故障导致烤坏烟。如：风机反转、水壶缺水、发电机未检修（停电）、烤房漏气等。二是烤中维护不及时。烘烤过程中设备出现故障，未及时发现或未及时进行有效维护，导致烤坏烟，如停电未及时发电，停电后风机反转，风门损坏等。三是设施规格不规范。易影响烟叶烘烤过程升温、排湿性能，如加热室、热风进风口、冷风回风口不规范，装烟室不规范等。

（四）烘烤工艺方面

一是工艺制定不科学。烘烤过程中未有效根据烟叶烘烤特性、烘烤环境、栽培措施等合理制定烘烤工艺。二是工艺执行不灵活。烘烤过程中未根据烟叶烘烤进程科学灵活调整而导致烤坏烟。

（五）人为因素方面

相关人员责任心不强，有脱岗、离岗等行为，或相关操作人员没掌握好烘烤技术，从而造成烘烤损失。